本书含电路原理讲座

机采井常用电路图集及故障解析

于宝水 姜 平 田庆书 等编著

石油工业出版社

内 容 提 要

全书采用图表视频及文字结合的方法,详细讲解了抽油机井、螺杆泵井与电泵井常见控制电路的工作原理及常见故障的分析及处理方法,总结并提炼了32个抽油机井、螺杆泵抽油机井及电泵井常用电路。本书是一本实用的工具书,其易读易懂,所有实例独立成章,方便检索,即可全面学习,也可按需应用。

本书集实用性、技术性和可操作性于一体,是一线维修电工及电力大队工程技术人员全面了解和掌握机采井控制电路原理及常见故障分析方法的实用参考书,也可供油田职业培训部门作为实训教材使用。

图书在版编目（CIP）数据

机采井常用电路图集及故障解析/于宝水等编著
北京：石油工业出版社，2019.6
ISBN 978-7-5183-3431-5

Ⅰ.①机… Ⅱ.①于… Ⅲ.①抽没机-电路图-图集
②抽油机-电路图-故障诊断 Ⅳ.①TE933

中国版本图书馆 CIP 数据核字（2019）第 098763 号

出版发行：石油工业出版社
　　　　　（北京安定门外安华里2区1号　100011）
　　　　网　址：www.petropub.com
　　　　编辑部：（010）64256770
　　　　图书营销中心：（010）64523633
经　销：全国新华书店
印　刷：北京中石油彩色印刷有限责任公司

2019年6月第1版　2019年6月第1次印刷
787×1092毫米　开本：1/16　印张：10.5
字数：255千字

定价：32.00元
（如出现印装质量问题，我社图书营销中心负责调换）
版权所有，翻印必究

《机采井常用电路图集及故障解析》编委会

主　　编

于宝水	中国石油电能有限公司
姜　平	大庆油田第一采油厂
田庆书	中国石油电能有限公司

副 主 编

王丽萍	大庆油田技术培训中心（大庆技师学院）
王莉娜	中国石油电能有限公司
纪永峰	大庆油田第九采油厂
常　亮	中国石油电能有限公司
康宏伟	中国石油新疆培训中心（新疆技师学院）
冯得辉	大庆油田第八采油厂
邸　勇	中国石油电能有限公司
王　汀	中国石油电能有限公司

参编人员

于　杨	大庆油田化工有限公司		姜兴安	大庆油田第六采油厂
韩　乐	中国石油新疆培训中心（新疆技师学院）		祁松海	辽阳石化公司油化厂
葛建军	华北油田电力分公司		姜　晶	中国石油电能有限公司
姚　涛	中国石油电能有限公司		刘可夫	大庆油田第三采油厂
赵宏业	辽河油田欢喜岭采油厂		张洪军	大庆油田第十采油厂
管会宁	辽河油田欢喜岭采油厂		张　涛	大庆油田第九采油厂
肖士良	大庆油田第二采油厂		梁国斌	大庆油田第三采油厂
姜　军	大庆油田第三采油厂		宋永康	大港油田第三采油厂
杨　帆	大庆油田第四采油厂		宋庆龙	大庆油田采油四厂
石　磊	中国石油辽河石化公司		郑双庆	大庆油田第七采油厂
虞芸赫	大庆油田采油九厂		任传柱	大庆油田第六采油厂
卫　东	大庆油田工程建设公司		刘国昌	大庆油田矿区服务事业部
宋明利	大庆油田矿区服务事业部		李金艳	大庆油田第三采油厂
李立国	中国石油电能有限公司		边小红	大庆油田第六采油厂
郭建成	中国石油电能有限公司		李雪涛	大庆油田第四采油厂
李春辉	大庆油田第一采油厂		刘永军	大庆油田工程建设公司
陈育民	中国石油电能有限公司		乔　梁	中国石油电能有限公司
胡晓庆	大庆油田钻探工程公司		郝建民	大庆油田矿区服务事业部
谭勇志	大庆油田第一采油厂		董　剑	大庆油田第七采油厂
张　明	塔里木油田分公司		林树国	哈尔滨石化分公司仪电车间
王　健	大庆炼化公司电仪运行中心			

前 言

电力拖动控制电路是油田生产的重要环节,学懂弄清机采井控制电路工作原理是非常必要的。撰写本书的目的主要是为从事机采井维护维修方面的工人及专业技术人员提供一本学习和使用机采井控制电路从入门到精通的实用读本。让读者通过32个机采井常用电路,理解和掌握机采井控制电路在油田生产中的工作原理、操作步骤及电器元件作用。

所有的电路均来自生产实践,并尽可能将各种技能以操作步序讲述的方式加视频讲解表现出来,以达到"技能速成"的目的。更重要的是可以为机采井电路实际应用领域提供一个可学、可查、可用的技术类图书。

自主撰写技术专著是一项工程,是论文所无法比拟的。编者历时两年,分别在大庆油田、蒙古国塔木察格油田、新疆油田、辽阳石化公司、大港油田、辽河油田等单位积极寻找收集整理控制箱、原理图及产品手册。历经一年多时间,五十余人参与撰写、校对及视频讲解录制工作。

相信通过这本书,一定能培养和带动更多的人走上技能成才之路,也能鼓励和吸引更多的高技能人才不断总结、提升自己的工作经验和成果,以技能提升、诀窍传承为依托,搞好技术"传帮带"。这本书的出版也将对维修电工及电工等工种题库和教材开发、基层培训工作产生一定影响,也一定会更加接地气、更实用。

本书由中国石油电能公司电力人才中心的于宝水,大庆油田技术培训中心的王丽萍,中油集团电气专业技能专家姜平、王汀,大庆油田电气专业技能专家常亮以及维修电工高级技师王莉娜等人联合撰写。

愿本书为广大电气工作人员所乐用,使本书成为您的良师益友!

由于撰写者的水平有限,书中难免存在不足和错误之处,敬请广大读者对本书提出宝贵的意见。

目录

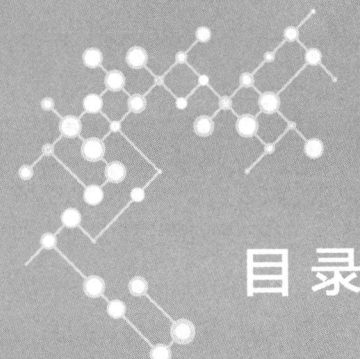

第一章 抽油机井常见控制电路

电路 1　抽油机井三相断路保护、延时自启动控制电路 …………………………………… 1
电路 2　HLJF-BLUETOOTH 集成化电动机电脑保护器抽油机控制电路 ………………… 6
电路 3　抽油机井稀土永磁电动机控制电路 ………………………………………………… 10
电路 4　YCYD-XJT/SY 抽油机双速双功率电动机控制电路 ……………………………… 13
电路 5　YCYD-JT/SY 高转差双速抽油机电动机电路 …………………………………… 17
电路 6　YCCH 系列三相超高转差率电动机控制电路 …………………………………… 21
电路 7　YCHD 系列三相超高转差率电动机控制电路 …………………………………… 26
电路 8　CHDK 抽油机来电自启动电动机控制电路 ……………………………………… 31
电路 9　ZBKII10A 型抽油机智能电动机保护控制电路 …………………………………… 36
电路 10　SDK 型电动机保护控制器抽油机控制电路 ……………………………………… 40
电路 11　NJK3-T3 电动机综合保护器抽油机控制电路 …………………………………… 44
电路 12　SBSK 型智能控制与保护装置抽油机控制电路 ………………………………… 48
电路 13　CHNT-NXP 综合配电箱抽油机控制电路 ……………………………………… 52
电路 14　LHVF-1 抽油机智能变频调速装置控制电路 …………………………………… 56
电路 15　LP75KW 抽油机组合式拖动装置控制电路 ……………………………………… 62
电路 16　SFCP-OIL-22 抽油机多功能调速控制配电箱 …………………………………… 66
电路 17　CHDK-13 抽油机电动机控制电路 ………………………………………………… 72
电路 18　CTB-PSC 系列抽油机变频恒功率控制配电箱电路 …………………………… 76
电路 19　CY-JDQ4-A-37 节能控制器抽油机控制电路 …………………………………… 81
电路 20　YDBH-SSI-300A 电动机综合保护器控制的抽油机控制电路 ………………… 88
电路 21　ZJB 抽油机井变频调速控制电路 ………………………………………………… 92

第二章 螺杆泵抽油机井与电泵井常见控制电路

电路 22　SW-ZQZY 型螺杆泵直接驱动装置专用柜控制电路 …………… 99
电路 23　三恩 VM06 变频器螺杆泵井控制电路 ……………………………… 104
电路 24　TDSV 变频器螺杆泵井控制电路 …………………………………… 109
电路 25　BBKZG-螺杆泵 ABB 变频控制柜控制电路 ……………………… 114
电路 26　LP-WTSX 系列交流伺服螺杆泵井控制电路 …………………… 119
电路 27　JHZQ 型螺杆泵井直驱控制电路 …………………………………… 125
电路 28　HSJQL 系列螺杆泵井变频调速控制电路 ………………………… 129
电路 29　SW 系列螺杆泵井直驱式变频调速控制电路 …………………… 133
电路 30　ZNTS-QD 螺杆泵井智能化多功能调速装置控制电路 ………… 137
电路 31　QYK-SB2-1000 型潜油电泵井控制电路 ………………………… 144
电路 32　QYK-R 型软启动潜油电泵井的控制电路 ………………………… 150

参考文献

第一章
抽油机井常见控制电路

电路 1　抽油机井三相断路保护、延时自启动控制电路

电路简介

该电路具备三相断路保护，而一般的控制电路都是一相或两相断路保护。该电路具有电源停电后来电自动启机功能，并且人为停机没有自启功能。在三相异步电动机每相绕组内部直接埋藏有 6 个小型温控器，以保证当绕组过热后能够迅速断开电源，在还没有电动机保护器的年代，这个电路是非常经典的。

一、原理图

抽油机井三相断路保护、延时自启动控制电路如图 1-1 所示。

二、电器元件及功能

该电路的主要电器元件及功能见表 1-1。

第一章 抽油机井常见控制电路

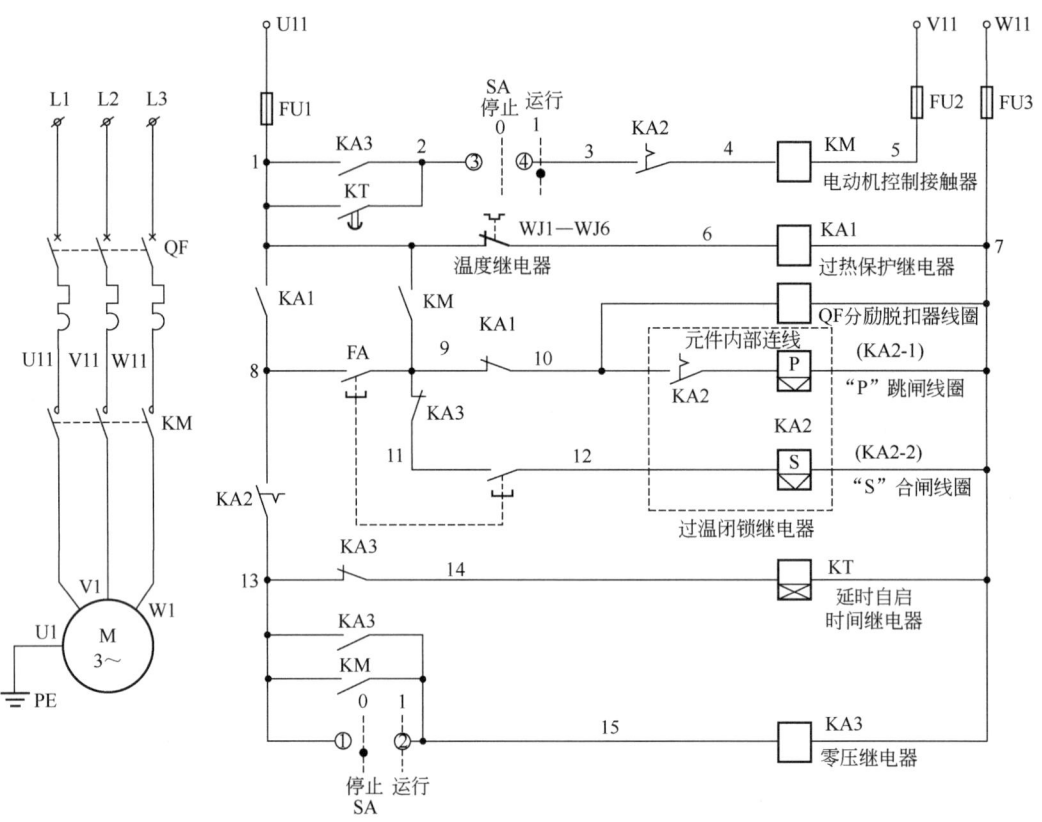

图 1-1 抽油机井三相断路保护、延时自启动控制电路原理图

表 1-1 电器元件及功能明细表

文字符号	名称	型号	电器元件在该电路中的作用
QF	断路器	CDM1-100L	主回路电源开关，在电路中起控制兼保护作用
FU1 FU2 FU3	熔断器	RL6/6A	在电路中主要起短路和过电流保护作用，用于保护线路及电器元件，在该电路中分别对三相控制回路进行缺相保护
KM	交流接触器	CJX8-65	用于远距离自动接通或断开电动机三相电源
KA1	中间继电器	JZ7/AC380V	与 WJ1—WJ6 及 KA2 配合使用，当 WJ1—WJ6 检测到温度过高后 KA1 自动断开控制回路，使电动机停止运行
KA2	中间继电器	JZ11—44JP/5-380V	KA2 是双线圈中间继电器，在停电状态下仍具有自保持功能，KA2 的"S"合闸线圈（保持线圈）在电路中起故障消除后，电路手动复位作用。"P"跳闸线圈（电磁复位线圈）在电路中的作用是，当 WJ1—WJ6 检测到温度过高后 KA2 自动断开控制回路，使电动机停止运行
KT	时间继电器	JS11-J/AC380V	总电源停电再次恢复供电的自启过程中的延时控制
KA3	中间继电器	JZ7/AC380V	W 相断路保护控制功能
SA	转换开关	HZ5D-20A/4kW	主令电器，控制电动机启动与停止
FA	复位按钮	LA42/1NO+1NC	故障复位
WJ1-WJ6	温控开关	KSD9700	在电路中起控温作用，当电动机绕组过热时切断控制回路电源，从而切断主回路电源

三、电路工作原理

（一）闭合电源后的电路动作过程：

首先确认抽油机主令开关【SA】在"0"位，然后闭合断路器 QF，接通主回路电源，此时控制回路的 FU1、FU2、FU3 得电，在控制回路得电的瞬间中间继电器 KA1 的线圈经 FU1→1→WJ1—WJ6（埋置在电动机绕组中的 6 个温度继电器）→6→7→FU3 构成回路，过热保护继电器 KA1 线圈得电吸合。其常开触点接通 1→8，接通控制电源，同时其常闭触点 9→10 断开，切断过温跳闸继电器 KA2-1 的跳闸线圈。

（二）电路的启动与停止

1. 复位中间继电器 KA2

按下复位按钮【FA】，KA2-2 "S" 的合闸线圈回路经 1→8→9→11→12→7 号线闭合，因该继电器为保持闭锁式结构，故当按钮【FA】松开后，即使失电的情况下，其常开触头始终保持闭合状态。只有跳闸线圈 KA2-1 "P" 得电后方可释放。

KA2 的常开触点 8→13 闭合，回路经 1→8→13→15→7 号线接通断相保护零压继电器 KA3 线圈，此时 KA3 的 1→2 闭合，同时 KA3 的 13→15 闭合，KA3 实现自锁，为接通 KM 创造条件，同时 KA3 的 13→14 常闭触头断开延时控制继电器 KT 线圈回路，同时 KA2 的另一常开接点接通 3→4，为主接触器 KM 工作做好准备。

此时接触器回路的 1→2 和 3→4 均接通，只有启停转换开关 SA 的 ③→④（2→3）处于断开状态。

2. 启动

将主令开关【SA】置于"1"运行位置，回路 1→2→3→4→5 接通，KM 线圈得电，KM 主触点接通，电动机启动。此时 KM13→15 的常开触头也闭合，为电动机延时自启创造条件。

3. 停止

将主令开关【SA】置于"0"停止位置，SA 的 ③→④端子开路。接触器 KM 线圈失电，KM 主触头断开，电动机按惯性运行方式停止运行，KM 的 1→9 和 13→15 间的常开触头复位断开。

（三）线路停电恢复的延时自启动

当装置在工作中线路停电又恢复供电时，由于主令开关 SA 仍在"1"运行位置，其接点 13→15 是断开的，停电时零压继电器 KA3 失电，供电后 KA3 没有回路不能吸合，但供电后 KA1 的 1-8 常开触点闭合，时间继电器 KT 通过 KA3 的常闭触点得电，开始延时，到达预先整定的时间之后，KT 的 1→2 延时触点动作，KM 得电吸合，装置完成延时自启动。

KM 吸合后，其辅助常开接点接通 13→15，使零压继电器 KA3 线圈得电吸合，KA3 的 13→14 断开，KT 线圈失电退出运行。

当通过操作【SA】，人为停机和启机时，KA3 和 KA2 因自保并不释放，所以延时自启动电路均不起作用。如果停电时将【SA】转置"0"停止位置，因 SA 在停止位时其接点 13-15 闭合，来电后 KA2、KA3 吸合，故而延时电路也不起作用。

总之，延时自启动功能只是在正常运行时线路停电又恢复供电时起作用，人为操作开停不经过延时。

（四）装置中的超高转差率电动机

超高转差率电动机共 6 个电源接线端子［J1、J2、J3］，［J4、J5、J6］调整转差率，并且有的装置配备有补偿电容器。

四、保护功能

（一）短路保护

整个装置的短路保护由用户自备安装在线路中的熔断器和装置中的自动空气开关 QF 完成。控制回路电源短路保护由 FU1、FU2、FU3 完成，熔体可选 4A~6A 熔体。

（二）断相保护

装置的控制回路采用独特的三相电源取电方法，保证了三相中任意一相电源缺相均不能启动运行。

（三）绕组过温闭锁保护原理

电动机绕组过温保护作为电动机总后备保护，不论因任何致使电动机绕组过温时，均能切断电动机的电源，可以有效地防止烧毁电动机事故发生。

绕组过温保护由预置在电动机定子绕组端部的 6 只 JW2 型温度继电器及相应的电气原件组成。当电动机绕组任一部分温度达到 130~145°C 时（动作温度与温升速率有关）均能切断电源并且闭锁。只有人为按下复位按钮 FA，且电动机绕组温度已降低到允许范围之内，方可再次启动。

（四）温度继电器控制原理

6 个温度继电器 WJ1—WJ6 采用串联接线方式，运行中的电动机绕组过温后，埋藏在电动机绕组内的温度继电器只要有一个接点断开，温度继电器 1→6 触点间便断开，KA1 失电释放，KA1 常闭触点 9→10 复位闭合，1→8 触点断开，回路经 1→9→10→7 闭合，KA2 跳闸线圈得电，KA2 的触点 3→4 断开解除自锁，KM 失电使电动机停机。

KA1 的 1→8 间的常开触点保证了只有当电动机绕阻温度降低到允许温度之后，温度继电器的接点 1→6 恢复闭合状态后，才能接通控制电源，方可再行启动，防止电动机过热状态的再启动。

当电动机温度降低到允许温度时，绕组过温之后，应对电动机和抽油机系统进行检查，查明过温原因，并予以排除之后方可再次启动。

因 KA2 吸合后能通过机械方式自保持，所以只要没有过温情况发生，或过大振动造成 KA2 误动作，一般情况下的启动停止无须按下 FA 按钮。

为防止因接触器触头烧死，保护失灵，还采用了二级跳闸，即选用带分励脱扣的低压断路器，过温时在接触器跳闸的同时自动空气开关同时动作跳闸。

五、常见故障与处理

该电路常见故障与处理见表 1-2。

电路1 抽油机井三相断路保护、延时自启动控制电路

表1-2 常见故障与处理

故障现象	可能原因	处理方法
转换开关SA旋至"1"运行位置，电动机不能启动	(1) 主回路无电； (2) 控制回路FU1、FU2、FU3的熔断丝烧断； (3) 转换开关内触点接触不良； (4) 交流接触器KM线圈损坏； (5) 电动机损坏； (6) 接线错误； (7) 控制回路导线接触不良或导线断路； (8) 主回路导线接触不良或导线断路	(1) 检查三相电压是否正常； (2) 更换熔断丝； (3) 修复触点或更换转换开关； (4) 更换交流接触器KM线圈； (5) 更换电动机； (6) 检查接线是否正确； (7) 检查控制回路导线有无虚接、断路； (8) 检查主回路导线有无虚接、断路
转换开关SA旋至"0"运行位置，电动机不能停止	(1) 转换开关内触点粘连； (2) 交流接触器KM主或辅助触头粘连	(1) 修复触点或更换转换开关； (2) 更换交流接触器主触头、辅助触头或更换交流接触器

电路 2　HLJF-BLUETOOTH 集成化电动机电脑保护器抽油机控制电路

电路简介

该电路采用通过电动机保护器对电动机的启动、停止，实现断相、堵转、过载、启动时间过长和三相不平衡进行保护，具有电动机欠载进行报警功能，并且可通过保护器及按钮两地控制。

一、原理图

HLJF-BLUETOOTH 集成化电动机电脑保护器抽油机控制电路如图 1-2 所示。

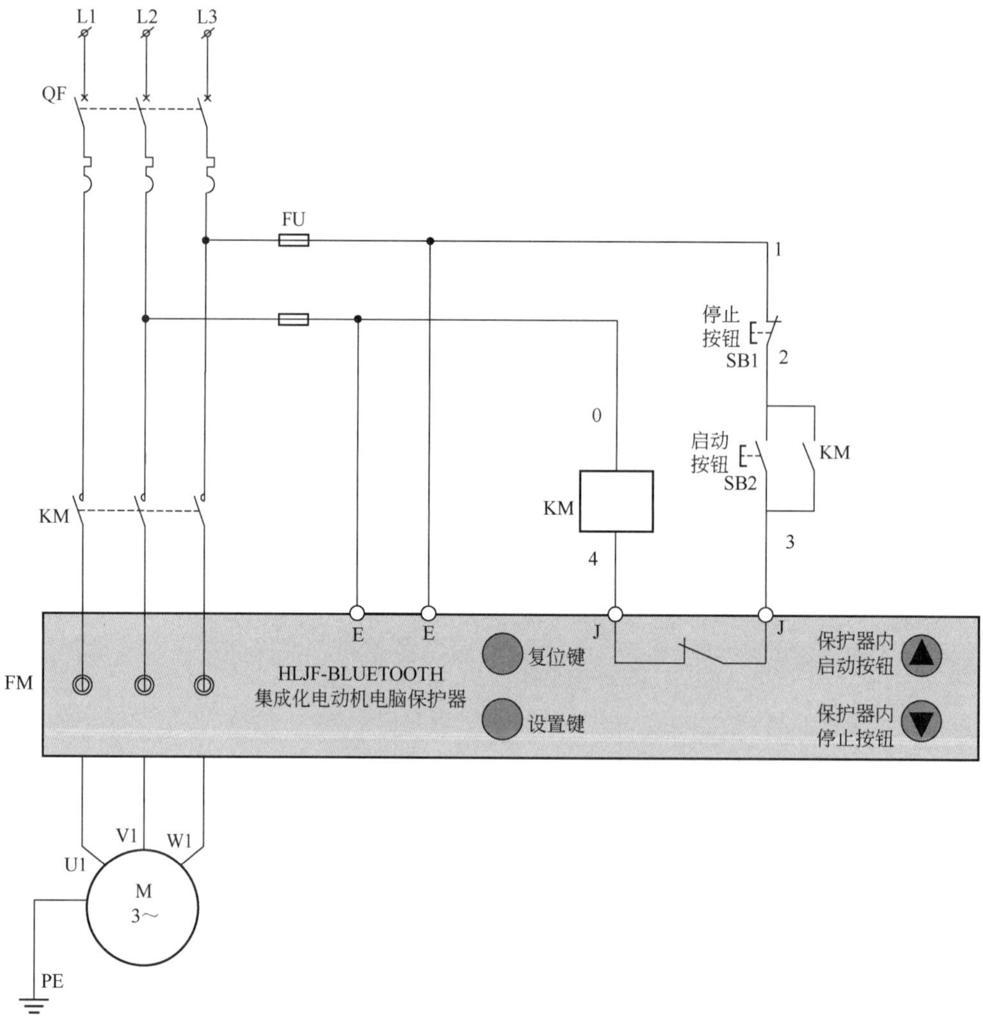

图 1-2　HLJF-BLUETOOTH 集成化电动机电脑保护器抽油机控制电路原理图

接线端子 E 为控制器电源，即 AC380V；接线端子 J 为控制器的常闭接点

二、电器元件及功能

该电路的主要电器元件及功能见表 1-3。

表 1-3　电器元件及功能明细表

文字符号	名称	型号	电器元件在该电路中的作用
QF	断路器	CDM1-100L	能完成接触和分断电路，具有过载、短路和欠电压保护功能
KM	交流接触器	CJX2-9511	接通或断开带负载的主电路，适用于频繁操作和远距离控制
FU	熔断器	RT28-32/6A	短路和过电流保护
FM	集成化电动机电脑保护器	SJDB-XTB-300A-380V-SXS	具有断相、堵转、过载、启动延时和对三相不平衡进行保护功能，对电动机欠载进行报警
M	三相异步电动机	Y280M-8	将电能转变为机械能
SB1	按钮	绿色 LA38-11	在电路中起接通运行回路作用
SB2	按钮	红色 LA38-11	在电路中起断开运行回路作用

三、电路工作原理

（一）闭合总电源

闭合总电源【QF】后，保护器内部得电，进入待运行状态。

首次使用时，应按使用要求设置参数，按住【设置】键 3s 以上，当听到蜂鸣器"滴滴"两声后，松开按键。通过【▲▼】键调整额定电流值，调整好后按【设置】键确定后，进入设置延时自启动时间值，通过上、下键调整延时自启动时间值，调整好后按【设置】键确定后，进入电动机启动时间设定值，通过【▲▼】键调整电动机启动时间值，调整好后按【设置】键确定。

设置好的参数进行储存即可返回到设置前的状态，参数设置后，按【设置】键或重新合闸送电后保护器才能运行新设置的参数值，否则保护器仍然运行原来设置前的参数。

保护器上电进入"运行状态"时，保护器内部得电后，再通过外接的启动按钮启动电动机。

（二）电动机运行及停止

1. 启动运行

按下启动按钮 SB2，回路 1→2→3→4→0 号线闭合，交流接触器 KM 线圈得电，交流接触器主触头闭合，电动机连续运行，同时 2→3 线间 KM 常开触点闭合自锁。

2. 停止运行

按下停止按钮 SB1，回路 1→2 断开，交流接触器 KM 线圈失电，交流接触器主触头断开，电动机停止运行。同时 2→3 线间 KM 常开触点断开解除自锁，断开总电源 QF，以免误操作。

另外，使用保护器面板上的启动【▲】键、停止【▼】键按钮，也可进行相同操作。

四、保护功能

（一）断相保护

当电源任一相电流为零时，短时间内保护器跳闸，断开主交流接触器 KM 线圈，主触头断开，电动机停止运行，此时"断相"指示灯亮。

（二）堵转保护

电动机载负荷过重，电动机短路造成电流过大，动作电流大于 1.3 倍额定电流时，保护器立即跳闸，断开主交流接触器 KM 线圈，主触头断开，电动机停止运行，此时"堵转"指示灯亮。

（三）过载保护

电动机实际电流大于额定电流 1.3 倍时，保护器跳闸。过载保护，采用反时限过载保护，主交流接触器 KM 线圈失电，主触头断开，电动机停止运行，此时"过载"指示灯亮。

（四）启动时间过长保护

电动机启动时间到后，电动机三相电流值仍然大于 3 倍额定电流值，保护器立即跳闸，主交流接触器 KM 线圈失电，主触头断开，电动机停止运行，此时"超时"指示灯亮。

（五）三相不平衡保护

三相电流之间，任意两相电流差值达到 10% 以上时，此时保护器采用定时限保护，保护器立即跳闸，主交流接触器 KM 线圈失电，主触头断开。

五、常见故障与处理

该电路常见故障与处理见表 1-4。

表 1-4 常见故障与处理

常见故障	可能原因	处理方法
按下启动按钮 SB2，电动机不能启动	（1）主回路无电； （2）控制回路 FU1 熔断丝烧断； （3）启动按钮内触点接触不良； （4）交流接触器 KM 线圈损坏； （5）保护器损坏； （6）电动机损坏； （7）接线错误； （8）控制回路导线接触不良或导线断路； （9）主回路导线接触不良或导线断路	（1）检查三相电压是否正常； （2）更换熔断丝； （3）修复触点或更换按钮； （4）更换交流接触器 KM 线圈； （5）更换保护器； （6）更换电动机； （7）检查接线是否正确； （8）检查控制回路导线有无、虚接、断路； （9）检查主回路导线有无虚接、断路
按下停止按钮 SB1，电动机不能停止	（1）停止按钮内触点粘连； （2）交流接触器 KM 主或辅助触头粘连； （3）保护器损坏	（1）修复触点或更换按钮； （2）更换交流接触器主触头、辅助触头或更换交流接触器； （3）更换保护器
保护器显示"断相"	（1）电源缺相； （2）交流接触器主触头故障； （3）电动机损坏	（1）检查电源电压是否正常； （2）更换交流接触器； （3）更换电动机

电路 2　HLJF-BLUETOOTH 集成化电动机电脑保护器抽油机控制电路

续表

常见故障	可能原因	处理方法
保护器显示"堵转"	（1）电动机扫镗； （2）轴承散架； （3）线圈匝间短路	（1）检查电动机是否扫镗； （2）检查轴承是否损坏； （3）使用电桥测量线圈电阻
保护器显示"过载"	（1）电流增大； （2）保护器电流值设定过小； （3）电动机损坏	（1）查找电流增大原因； （2）根据电动机额定电流，设定保护器过载动作电流值； （3）更换电动机
保护器显示"超时"	（1）抽油机负荷过重； （2）电动机故障	（1）调整抽油机负荷； （2）检查电动机故障
保护器显示"欠载"	（1）保护器设置额定电流值过大； （2）电动机空载运行	（1）重新设置额定电流值； （2）检查电动机皮带是否断掉，皮带轮是否牢固

电路 3　抽油机井稀土永磁电动机控制电路

电路简介

该电路通过保护器及按钮控制电动机的启动、停止，电动机综合保护器能够对电动机实现断相保护、过载保护、过压保护、欠压保护功能，并且可通过保护器及按钮两地控制

一、原理图

稀土永磁电动机控制箱电路如图 1-3 所示。

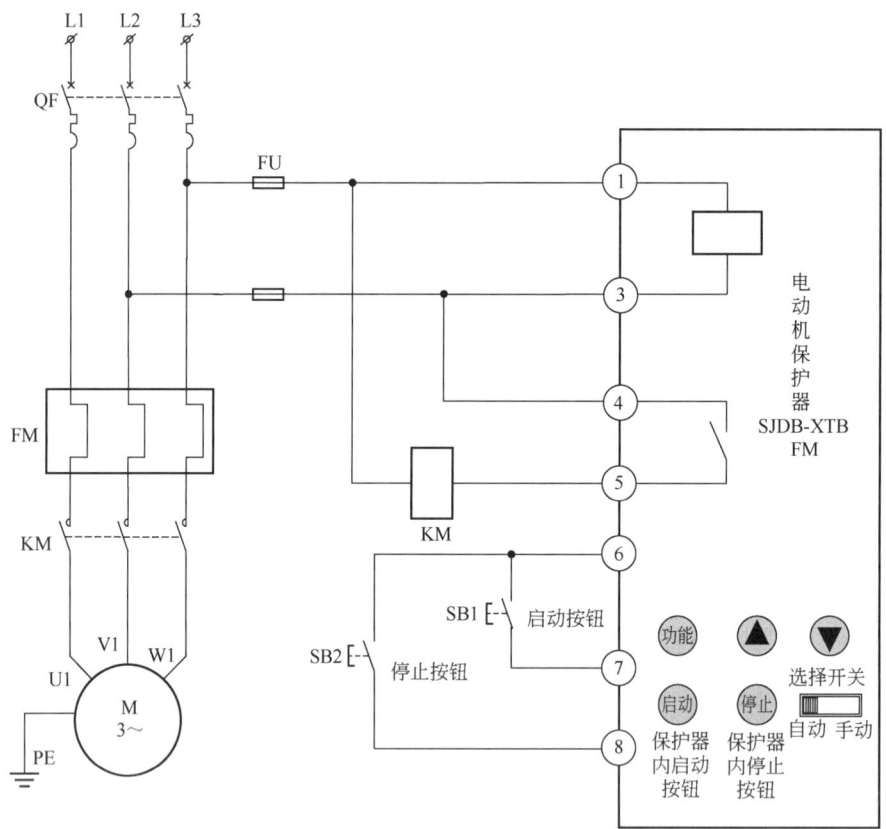

图 1-3　稀土永磁电动机控制电路原理图

电动机综合保护器 SJDB-XTB 接线方法为：

（1）接线端子 1-3 为控制器电源，即 AC380V。

（2）接线端子 4-5 为控制常开，启动时闭合，故障后释放。

（3）接线端子 6-7 为外接"启动"按钮 SB1（常开）。

（4）接线端子 6-8 为外接"停止"按钮 SB2（常开）。

（5）停止按钮必须用常开。

二、电器元件及功能

该电路的电器元件及功能见表 1-5。

表 1-5 电器元件及功能明细表

文字符号	名称	型号	电器元件在该电路中的作用
QF	断路器	CDM1-100L	在主电路中起控制兼保护作用
KM	交流接触器	CJX8-65	其主触头接通或分断电动机的主电路,并且利用其辅助触头实现逻辑控制关系
FU	熔断器	RT28-32 6A	短路和过电流保护
FM	电动机综合保护器	SJDB-XTB-300A-380V-SXS	对电动机提供过载、过流、缺相、堵转、短路、过压、欠压、漏电、三相不平衡等保护作用
M	稀土永磁三相同步电动机	TNM-250S-12	将电能转变为机械能,带动抽油机运行
SB1	按钮	绿色 LA38-11	接通运行回路作用
SB2	按钮	红色 LA38-11	断开运行回路作用

三、电路工作原理

(一)闭合总电源

闭合总电源【QF】,保护器上电。

首次使用时应先将自动/手动开关拨至手动一侧,上电复位后,应按使用要求设置控制器设置参数,数据改变后延时 10s 即可保存设置内容,直至再次改变这些设置。

(二)电动机手动运行及停止

将保护器面板上手动/自动开关,拨至手动位置。

1. 手动运行启动

按下启动按钮【SB1】,回路中 6→7 号线闭合,电动机保护器内部继电器动作,4→5 间的常开触点闭合,主交流接触器 KM 线圈得电,主触头吸合,电动机连续运行输出。

2. 手动运行停止

按下停止按钮【SB2】,回路中 6→8 号线闭合,电动机保护器内部继电器动作,4→5 间的常开触点断开,主交流接触器 KM 线圈失电,主触头断开,电动机停止运行。同时,断开总电源【QF】,以免误操作。

同时,按下保护器面板上的启动、停止按钮,也可进行相同操作。

(三)电动机自动运行及停止选择

将保护器面板上手动/自动开关,拨至自动位置。

当闭合总电源【QF】,保护器上电复位后,保护器按用户设定的延时启动时间动作,4→5 间的常开触点闭合,主交流接触器 KM 线圈得电,主触头闭合,电动机连续运行输出。

停机时,按下停止按钮【SB2】,回路中 6→8 号线闭合,电动机保护器内部继电器动作,4→5 间的常开触点断开,主交流接触器 KM 线圈失电,主触头断开,电动机停止运行。

同时,断开总电源【QF】,以免电动机自动重启。

四、保护功能

（一）断相保护

当任一相缺相或相电流平衡度（最小相电流/最大相电流×100%）小于设定的电流平衡度时，保护器动作，动作时间为2s。4→5间的常开触点断开，主交流接触器KM线圈失电，主触头断开，电动机停止运行。此时"断相"指示灯亮。

（二）过载保护

过载保护采用反时限保护，各种原因引起的电动机过载，造成电流过大，超过保护器电流设定值，保护器动作，4→5间的常开触点断开，主交流接触器KM线圈失电，主触头断开，电动机停止运行。此时"过载"指示灯亮。

（三）过压保护

当运行电压超过设定的过压值时，保护器将按设定的延时时间延时后动作，4→5间的常开触点断开，主交流接触器KM线圈失电，主触头断开，电动机停止运行。此时"过压"指示灯亮（若不需要此功能时可将此保护功能禁止）。

（四）欠压保护

当运行电压小于设定的欠压值时，保护器将按设定的延时时间延时后动作，4→5间的常开触点断开，主交流接触器KM线圈失电，主触头断开，电动机停止运行。此时"欠压"指示灯亮（若不需要此功能时可将此保护功能设置为禁止）。

五、常见故障与处理

该电路常见故障与处理见表1-6。

表1-6 常见故障与处理

故障现象	可能原因	解决方法
按下启动按钮【SB1】，电动机不能启动	（1）主回路无电； （2）控制回路FU1熔断丝烧断； （3）启动按钮内触点接触不良； （4）交流接触器KM线圈损坏； （5）保护器损坏； （6）电动机损坏	（1）检查三相电压是否正常； （2）更换熔断丝； （3）修复触点或更换按钮； （4）更换交流接触器KM线圈或更换交流接触器； （5）更换保护器； （6）更换电动机
按下停止按钮【SB2】，电动机不能停止	（1）停止按钮内触点粘死； （2）交流接触器KM主触头粘死； （3）保护器损坏	（1）修复触点或更换按钮； （2）更换交流接触器主触头或更换交流接触器； （3）更换保护器
保护器显示断相，电动机不能启动	（1）电源缺相； （2）交流接触器主触头故障； （3）电动机损坏	（1）检查电源电压是否正常； （2）更换交流接触器； （3）更换电动机
保护器过载故障停机	（1）电流增大； （2）保护器电流值设定过小； （3）电动机损坏	（1）查找电流增大原因； （2）根据电动机额定电流，设定保护器过载动作电流值； （3）更换电动机

电路 4　YCYD-XJT/SY 抽油机双速双功率电动机控制电路

电路简介

该电路为 8/6 极双速电动机控制电路，采用连续运转的方式，控制电动机高/低速的启动、停止，通过电动机综合控制器对电动机实现过热保护、断相保护、过载保护功能。

一、原理图

YCYD-XJT/SY 抽油机双速双功率电动机控制电路如图 1-4 所示。

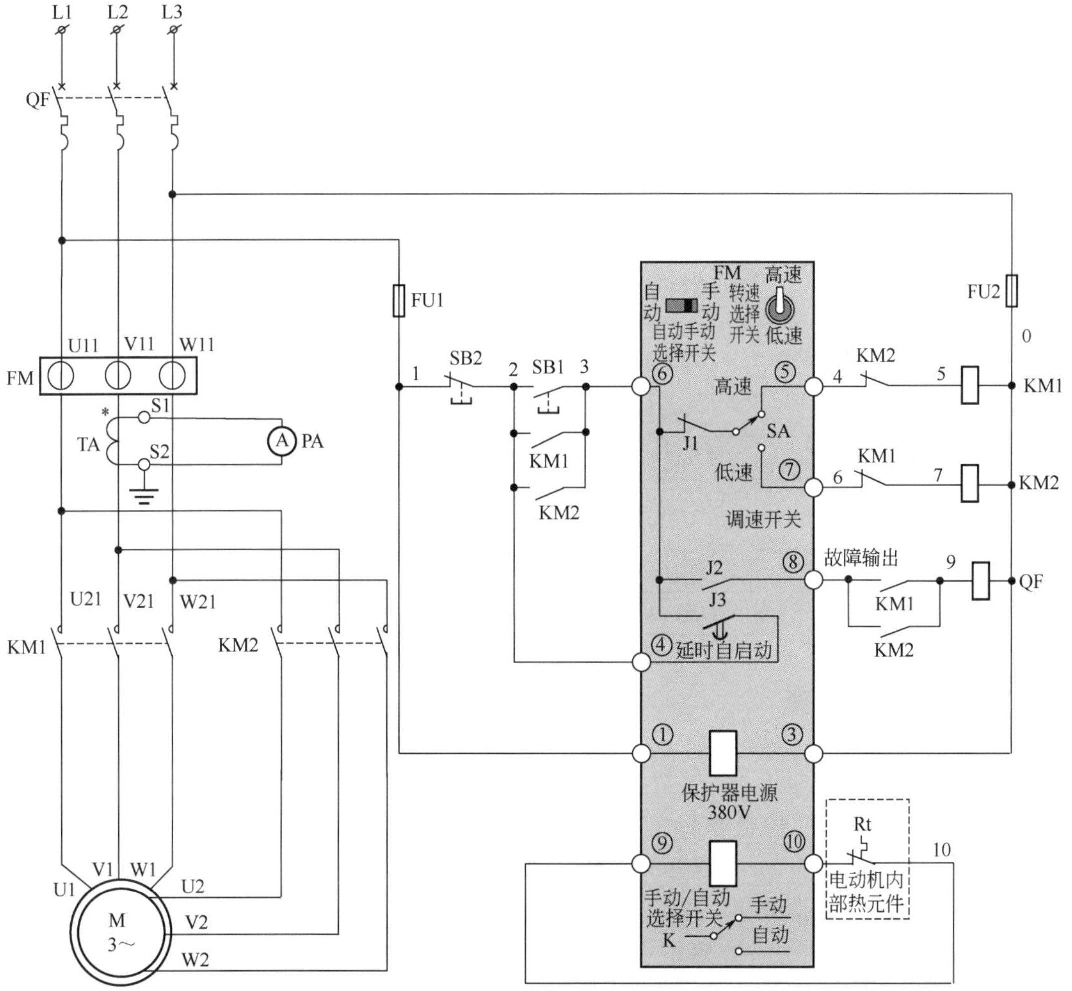

图 1-4　YCYD-XJT/SY 抽油机双速双功率电动机控制电路原理图

电动机综合控制器 YCYD-XJT/SY 接线方法为：
（1）接线端子①—③为控制器电源，即 AC 380V。

(2)接线端子⑥—⑤为高速，当选择为高速时闭合，高速电动机运行；故障时常闭触点 J1 断开，保护设备。

(3)接线端子⑥—⑦为低速，当选择为低速时闭合，低速电动机运行；故障时常闭触点 J1 断开，保护设备。

(4)接线端子④—⑥为延时自启动端子，启动后闭锁。

(5)接线端子⑨—⑩为过热保护端子，可短接。

(6)接线端子⑧为连接断路器分励脱扣器线圈的端子，在电路中起保护作用。

二、电器元件及功能

该电路的电器元件及功能见表 1-7。

表 1-7　电器元件及功能明细表

文字符号	名称	型号	电器元件在该电路中的作用
QF	断路器	TGM1-100L/3300	在主电路中起控制兼保护作用
KM1	交流接触器	CJX2-9511	其主触头接通或分断电动机的主电路，实现高速电动机运行，并且利用其辅助触头实现逻辑控制关系
KM2	交流接触器	CJX2-9511	其主触头接通或分断电动机的主电路，实现低速电动机运行，并且利用其辅助触头实现逻辑控制关系
FU1	熔断器	RT14-20/20A	在控制回路中主要起短路保护作用，用于保护线路及电器元件
FU2	熔断器	RT14-20/20A	在控制回路中主要起短路保护作用，用于保护线路及电器元件
FM	电动机综合控制器	YCYD-XJT/SY	对电动机提供过热、断相、过载等保护作用，以及自启动功能
PA	电流表	85L1-A	显示运行电流
TA	电流互感器	BH-0.66	监测 L2 相运行电流
M	双速双功率电动机	SD/YCHD225-8/6	提供两种功率，实现电动机高速、低速运行，带动抽油机运行
SB1	按钮	绿色 LA38-11	在电路中起接通运行回路作用
SB2	按钮	红色 LA38-11	在电路中起断开运行回路作用

三、电路工作原理

（一）闭合总电源

闭合总电源【QF】，控制器上电。

首次使用时应先将自动/手动开关拨至手动一侧，上电复位后，应按使用要求设置控制器电动机保护参数，数据改变后延时 10s 即保存设置内容，直至再次改变这些参数。

（二）电动机手动运行及停止

将控制器面板上手动/自动开关，拨至手动位置。

1. 电动机高速运行

将控制器面板上的【调速开关】拨至高速位置，按下启动按钮【SB1】，回路经 1→2→3→4→5→0 闭合，交流接触器 KM1 线圈得电，主触头吸合电动机高速运行，同时 2→3 常开触点闭合实现自锁。

按下停止按钮【SB2】，回路 1→2 断开，交流接触器 KM1 线圈失电，主触头断开，电动机停止运行。同时 2→3 常开触点断开解除自锁。检修时还需断开总电源【QF】，以免误动作。

2. 电动机低速运行

将控制器面板上的【调速开关】拨至低速位，按下启动按钮【SB1】，回路经 1→2→3→6→7→0 闭合，交流接触器 KM2 线圈得电，主触头吸合，电动机低速运行，同时 2→3 常开触点闭合实现自锁。

按下停止按钮【SB2】，回路 1→2 断开，交流接触器 KM2 线圈失电，主触头断开，电动机停止运行，同时 2→3 常开触点断开解除自锁。

注意：（1）选择高速、低速控制输出，应使所选的高速、低速状态与所设置的电流值相对应。

（2）在电动机运行过程中，禁止高速、低速转换操作。

（三）电动机自动运行及停止

将控制器面板上手动/自动开关，拨至自动位置。

以低速为例，当闭合总电源【QF】，控制器上电复位后，控制器按用户设定的延时启动时间动作，④—⑥间的常开触点 J3 闭合，回路经 1→2→3→6→7→0 闭合，交流接触器 KM2 线圈得电，主触头吸合，电动机低速运行。

停机时，按下停止按钮【SB2】，回路 1→2 断开，交流接触器 KM2 线圈失电，主触头断开，电动机停止运行。同时，断开总电源【QF】，以免误操作。

控制器自启动延时结束后，自启动继电器吸合，延时 2s 后释放。

四、保护功能

（一）断相保护

当任一相缺相或相电流平衡度小于 50% 时，且最大相电流大于额定电流的 50% 时，控制器动作，动作时间 2s。控制器⑤—⑥或⑥—⑦间的常闭触点断开，交流接触器 KM1、KM2、线圈失电，主触头断开，电动机停止运行。此时"断相"指示灯亮。

（二）过载保护

过载保护采用反时限保护，各种原因引起的电动机过载，造成电流过大，超过控制器电流设定值，控制器动作，⑤—⑥或⑥—⑦间的常闭触点断开，交流接触器 KM1、KM2 线圈失电，主触头断开，电动机停止运行。此时"过载"指示灯亮。电动机启动时间（3s）不作过载保护。

（三）过热保护

当热保护继电器 Rt 常闭点断开，控制器立即动作，⑤—⑥或⑥—⑦间的常闭触点断开，交流接触器 KM1、KM2 线圈失电，主触头断开，电动机停止运行。在实际应用中，未配置热保护继电器时，将控制器⑨、⑩端子进行短接。

控制器进入故障自锁状态后，需断电复位控制器。

五、常见故障与处理

该电路常见故障与处理见表 1-8。

表 1-8 常见故障与处理

常见故障	故障原因	处理方法
按下启动按钮【SB1】，电动机高速不能启动	(1) 主回路无电； (2) 控制回路 FU1 熔断丝烧断； (3) 启动按钮内触点接触不良； (4) 交流接触器 KM1 线圈损坏； (5) 控制器损坏； (6) 电动机损坏； (7) 交流接触器 KM2 常闭触点损坏	(1) 检查三相电压是否正常； (2) 更换熔断丝； (3) 修复触点或更换按钮； (4) 更换交流接触器线圈或更换交流接触器； (5) 更换控制器； (6) 更换电动机； (7) 更换交流接触器 KM2 常闭触点
按下启动按钮【SB1】，电动机低速不能启动	(1) 主回路无电； (2) 控制回路 FU1 熔丝断； (3) 启动按钮内触点接触不良； (4) 交流接触器 KM2 线圈损坏； (5) 控制器损坏； (6) 电动机损坏； (7) 交流接触器 KM1 常闭触点损坏	(1) 检查三相电压是否正常； (2) 更换熔断丝； (3) 修复触点或更换按钮； (4) 更换交流接触器线圈或更换交流接触器； (5) 更换控制器； (6) 更换电动机； (7) 更换交流接触器 KM1 常闭触点
按下停止按钮【SB2】，电动机不能停止	(1) 停止按钮内触点粘死； (2) 交流接触器 KM1、KM2 主触头粘死； (3) 控制器损坏	(1) 修复触点或更换按钮； (2) 更换交流接触器主触头或更换交流接触器； (3) 更换控制器
控制器显示断相，电动机不能启动	(1) 电源缺相； (2) 交流接触器 KM1、KM2 主触头故障； (3) 电动机损坏	(1) 检查电源电压是否正常； (2) 更换交流接触器； (3) 更换电动机
控制器过载故障停机	(1) 电流增大； (2) 控制器电流值设定过小； (3) 电动机损坏	(1) 查找电流增大原因； (2) 根据电动机额定电流，设定控制器过载动作电流值； (3) 更换电动机

电路 5　YCYD-JT/SY 高转差双速抽油机电动机电路

电路简介

该电路采用连续运转的方式，控制电动机高/低速的启动、停止，通过电动机综合控制器对电动机实现过热保护、断相保护、过载保护功能。

一、原理图

YCYD-JT/SY 高转差双速抽油机电动机控制电路如图 1-5 所示。

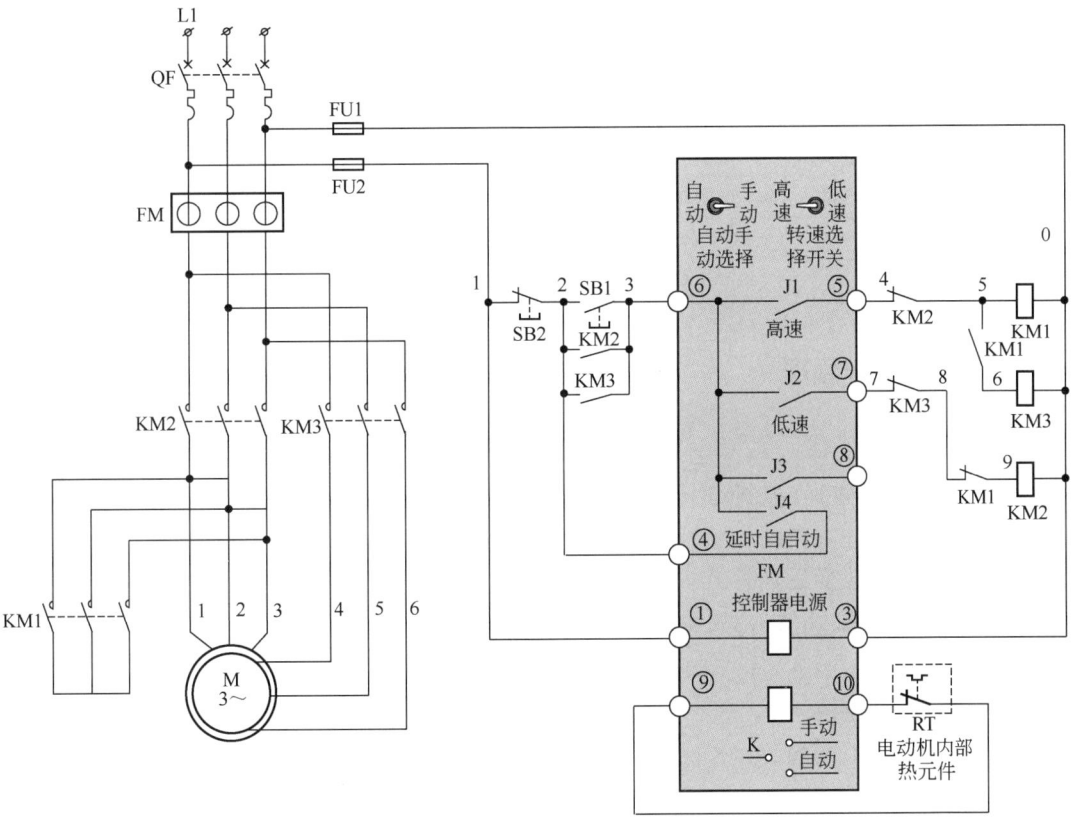

图 1-5　YCYD-JT/SY 高转差双速抽油机电动机控制电路原理图

电动机综合控制器 YCYD-JT/SY 接线方法为：

（1）接线端子①—③为控制器电源，即 AC380V。

（2）接线端子⑥—⑤为常开触点，当选择为高速时闭合，高速电动机运行；故障时断开保护设备。

（3）接线端子⑥—⑦为常开触点，当选择为低速时闭合，低速电动机运行；故障时断开保护设备。

第一章 抽油机井常见控制电路

（4）接线端子④—⑥为延时自启动端子，启动后闭锁。

（5）接线端子⑨—⑩为过热保护端子，可短接。

二、电器元件及功能

该电路的电器元件及功能见表1-9。

表1-9 电器元件及功能明细表

文字符号	名称	型号	电器元件在该电路中的作用
QF	断路器	CDM1-100L	在主电路中起控制兼保护作用
KM1	交流接触器	CJX2-6511	与KM3配合，其主触头接通或分断电动机的主电路，实现高速电动机运行，并且利用其辅助触头实现逻辑控制关系
KM2	交流接触器	CJX2-6511	其主触头接通或分断电动机的主电路，实现低速电动机运行，并且利用其辅助触头实现逻辑控制关系
KM3	交流接触器	CJX2-6511	与KM1配合，其主触头接通或分断电动机的主电路，实现高速电动机运行，并且利用其辅助触头实现逻辑控制关系
FU1	熔断器	RT28-32 6A	在控制回路中主要起短路保护作用，用于保护线路及电器元件
FU2	熔断器	RT28-32 6A	在控制回路中主要起短路保护作用，用于保护线路及电器元件
FM	电动机综合控制器	YCYD-JT/SY	对电动机提供过热、断相、过载等保护作用，以及自启动功能
M	双速双功率电动机	SD/YCHD225-12/8	提供两种功率，实现电动机高速、低速运行，带动抽油机运行
SB1	按钮	绿色 LA38-11	在电路中起接通运行回路作用
SB2	按钮	红色 LA38-11	在电路中起断开运行回路作用

三、电路工作原理

（一）闭合总电源

闭合总电源【QF】，控制器上电。

首次使用时应先将自动/手动开关拨至手动一侧，上电复位后，应按使用要求设置控制器设置参数，数据改变后延时10s即保存这些内容，直至再次改变这些设置。

（二）电动机手动运行及停止

将控制器面板上手动/自动开关，拨至手动位置。

1. 电动机高速运行

将控制器面板上的调速开关拨至高速位置，电动机控制器内部继电器动作，⑤—⑥间的常开触点闭合。

按下启动按钮【SB1】，回路经1→2→3→4→5→0闭合，交流接触器KM1线圈得电，KM1主触头吸合，电动机星形封装；同时，回路经1→2→3→4→5→6→0闭合，交流接触器KM3线圈得电，KM3主触头吸合，电动机高速运行。

按下停止按钮【SB2】，回路1→2断开，交流接触器KM1、KM3线圈失电，主触头断开，电动机停止运行。同时，断开总电源【QF】，以免误操作。

2. 电动机低速运行

将控制器面板上的调速开关拨至低速位，电动机控制器内部继电器动作，⑥—⑦间的常开触点闭合。

按下启动按钮【SB1】，回路经 1→2→3→7→8→9→0 闭合，交流接触器 KM2 线圈得电，KM2 主触头吸合，电动机低速运行。

按下停止按钮【SB2】，回路 1→2 断开，交流接触器 KM2 线圈失电，主触头断开，电动机停止运行。同时，断开总电源【QF】，以免误操作。

（三）电动机自动运行及停止

将控制器面板上手动/自动开关，拨至自动位置。

以低速为例，当闭合总电源【QF】，控制器上电复位后，控制器按用户设定的延时启动时间动作，④—⑥间的常开触点闭合，回路经 1→2→3→7→8→9→0 闭合，交流接触器 KM2 线圈得电，KM2 主触头吸合，电动机低速运行。

停机时，按下停止按钮【SB2】，回路 1→2 断开，交流接触器 KM2 线圈失电，KM2 主触头断开，电动机停止运行。同时，断开总电源【QF】，以免误操作。

四、保护功能

（一）断相保护

当任一相缺相或相电流平衡度小于设定的电流平衡度时，控制器动作，动作时间为 2s。⑤—⑥或⑥—⑦间的常开触点断开，交流接触器 KM1、KM2、KM3 线圈失电，主触头断开，电动机停止运行。此时"断相"指示灯亮。

（二）过载保护

过载保护采用反时限保护，各种原因引起的电动机过载，造成电流过大，超过控制器电流设定值，控制器均会动作。⑤—⑥或⑥—⑦间的常开触点断开，交流接触器 KM1、KM2、KM3 线圈失电，主触头断开，电动机停止运行。此时"过载"指示灯亮。电动机启动时间（4s）不做过载保护。

（三）过热保护

当热保护继电器 Rt 常闭点断开，控制器立即动作，⑤—⑥或⑥—⑦间的常开触点断开，交流接触器 KM1、KM3 线圈失电，主触头断开，电动机停止运行。在实际应用中，未配置热保护继电器时，将控制器⑨、⑩端子进行短接。

五、常见故障与处理

该电路常见故障与处理见表 1-10。

表 1-10　常见故障与处理

故障现象	可能原因	解决方法
按下启动按钮【SB1】，电动机高速不能启动	（1）主回路无电； （2）控制回路 FU1 熔断丝烧断； （3）启动按钮内触点接触不良； （4）交流接触器 KM1 或 KM3 线圈损坏； （5）控制器损坏； （6）电动机损坏； （7）交流接触器 KM2 常闭触点损坏	（1）检查三相电压是否正常； （2）更换熔断丝； （3）修复触点或更换按钮； （4）更换交流接触器线圈或更换交流接触器； （5）更换控制器； （6）更换电动机； （7）更换交流接触器 KM2 常闭触点

第一章　抽油机井常见控制电路

续表

故障现象	可能原因	解决方法
按下启动按钮【SB1】，电动机低速不能启动	(1) 主回路无电； (2) 控制回路 FU1 熔断丝烧断； (3) 启动按钮内触点接触不良； (4) 交流接触器 KM2 线圈损坏； (5) 控制器损坏； (6) 电动机损坏； (7) 交流接触器 KM1 或 KM3 常闭触点损坏	(1) 检查三相电压是否正常； (2) 更换熔断丝； (3) 修复触点或更换按钮； (4) 更换交流接触器线圈或更换交流接触器； (5) 更换控制器； (6) 更换电动机； (7) 更换交流接触器 KM1 或 KM3 常闭触点
按下停止按钮【SB2】，电动机不能停止	(1) 停止按钮内触点粘死； (2) 交流接触器 KM1 或 KM2、KM3 主触头粘死； (3) 控制器损坏	(1) 修复触点或更换按钮； (2) 更换交流接触器主触头或更换交流接触器； (3) 更换控制器
控制器显示断相，电动机不能启动	(1) 电源缺相； (2) 交流接触器 KM1 或 KM2、KM3 主触头故障； (3) 电动机损坏	(1) 检查电源电压是否正常； (2) 更换交流接触器； (3) 更换电动机
控制器过载故障停机	(1) 电流增大； (2) 控制器电流值设定过小； (3) 电动机损坏	(1) 查找电流增大原因； (2) 根据电动机额定电流，设定控制器过载动作电流值； (3) 更换电动机

电路 6　YCCH 系列三相超高转差率电动机控制电路

电路简介

　　YCCH 系列三相超高转差率电动机主要是为游梁式抽油机设计制造的动力设备。该电路通过电脑抽油机保护器控制电动机的启动、停止，并对电动机实现断相保护、过载保护、过压保护、欠压保护功能。电动机具有超高的转差率（保证值为 12%～14%），可有效地减小抽油系统的最大负荷及负荷变化范围，减小减速器最大净扭矩及扭矩变化幅度，减轻减速器和抽油杆的疲劳程度，大幅度地延长了抽油系统的使用寿命，减少了停机时间和维修费用，降低生产成本。通过改变电动机引出线的接线方式，形成 4 种（8 极电动机为 3 种）定额（转矩）输出，可以使抽油机与电动机保持良好的功率匹配，整个抽油系统的效率可提高 5%～30%。电动机绕组内装有过温保护热继电器，能够通过控制保护装置保障电动机的可靠运行。

一、原理图

　　YCCH 系列三相超高转差率电动机控制箱电路如图 1-6 所示。

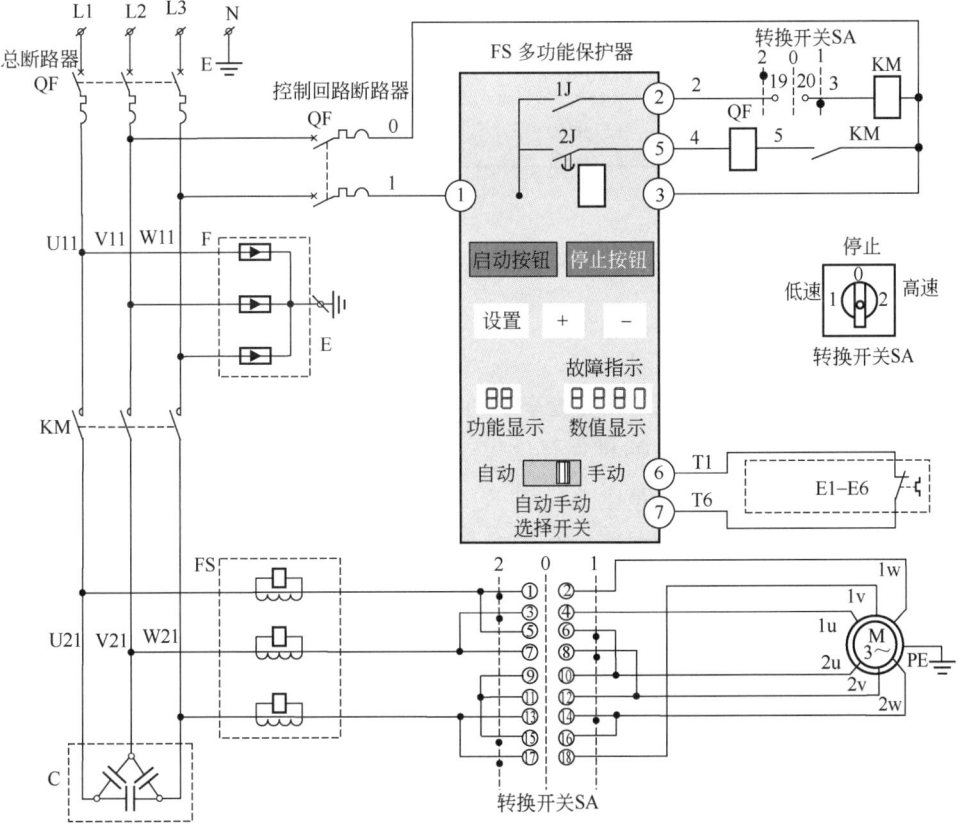

图 1-6　YCCH 系列三相超高转差率电动机控制电路原理图

电脑抽油机保护器 SJDB-T 接线方法为：
（1）接线端子①—③为保护器电源，即 AC380V。
（2）接线端子①—②为保护控制常开触点，启动时闭合，故障后释放。
（3）接线端子①—⑤为故障后延时跳空开常开触点。
（4）接线端子⑥—⑦为外接"过热"常闭点输入。

二、电器元件及功能

该电路的电器元件及功能见表 1-11。

表 1-11　电器元件及功能明细表

文字符号	名称	型号	电器元件在该电路中的作用
QF	断路器	RDM1-250L	在主电路中起控制兼保护作用
KM	交流接触器	CJX1-140/22	其主触头接通或分断电动机的主电路，并且利用其辅助触头实现逻辑控制关系
QF	控制断路器	DZ47-63	在控制回路中主要起短路保护作用，用于保护线路及电器元件
SA	转换开关	3LBB-115	电动机高速和低速的转换
FM	电脑抽油机控制仪	SJDB-T 160A-380V	启动停止电动机运行，并对电动机提供过载、过流、缺相、堵转、短路、过压、欠压、漏电、三相不平衡等保护作用
M	CJT1-6 电动机	YCHD280L-8/6	将电能转变为机械能，带动抽油机运行
F	过电压保护器	TFL-C40	对于过电压和浪涌进行保护
C	并联电容器组	BKMJ-6-8	提高功率因数
W1J-WJ6	常闭温控开关	KSD9700	在电路中起控温作用，当电动机绕组过热时切断控制回路电源，从而切断主回路电源

三、电路工作原理

（一）闭合总电源

闭合总电源【QF】，保护器上电。

首次使用时应先将自动/手动开关拨至手动一侧，上电复位后，应按使用要求设置控制器设置参数，数据改变后延时 10s 即保存这些内容，直至再次改变这些设置。

（二）电动机手动运行及停止

将保护器面板上手动/自动开关，拨至手动位置。

1. 手动运行启动

按下保护器上【启动】按钮，电脑抽油机保护器内部继电器动作，①—②间的 1J 常开触点闭合，主交流接触器 KM 线圈得电，主触头吸合，电动机连续运行。

2. 手动运行停止

按下保护器上【停止】按钮，电脑抽油机保护器内部继电器动作，①—②间的 1J 常开触点断开，主交流接触器 KM 线圈失电，主触头断开，电动机停止运行。同时，断开总电源【QF】，以免误操作。

（三）电动机自动运行及停止

将保护器面板上手动/自动开关，拨至自动位置。

1. 自动运行启动

闭合总电源【QF】，保护器上电复位后，保护器按用户设定的延时启动时间动作，③—④间的2J常开触点闭合，主交流接触器KM线圈得电，主触头闭合，电动机连续运行。

2. 自动运行停止

按下【停止】按钮，电脑抽油机保护器内部继电器动作，③—④间的2J常开触点断开，主交流接触器KM线圈失电，主触头断开，电动机停止运行。

同时，断开总电源【QF】，以免误操作。

3. 关于自启动功能的设定

（1）在自启动延时过程中，运行指示灯闪亮。

（2）在自启动延时过程中，若想解除自启动，按【停止】按钮即进入手动启、停控制状态。

（3）自动/手动选择开关仅决定保护器上电复位时的启动方式，启动后改变其设置不影响此时的保护器控制（影响下一次上电复位启动）。

（4）电动机运行状态下，无论自动/手动选择开关置于何种状态，按【停止】按键均可【停止】电动机运行，再次按启动按键可启动电动机运行。

（5）自启动延时时间：时间设定范围为5~450s可选，用【设置】按键进行设定。

（6）故障后延时输出：当保护器故障保护动作，延时1s，断路器分励脱扣器线圈得电吸合，断路器分励脱扣器线圈吸合3s后自动释放。

（7）故障后复位：保护器进入保护自锁状态后，按停止按键或外接停止按钮复位保护器。

四、保护功能

（一）断相保护

当任一相缺相或相电流平衡度小于50%时，或最大相电流大于额定电流的50%时，动作时间2s。①—②间的1J常开触点断开，主交流接触器KM线圈失电，主触头断开，电动机停止运行。此时"断相"指示灯亮。

例：（1）某三相电动机缺相时，A相电流10A、B相电流0A、C相电流10A时相电流平衡度为：

相电流平衡度=（最小相电流/最大相电流）×100%=（0/10）×100%=0%，小于50%时动作时间应为2s。

（2）某三相电动机A相电流10A、B相电流4.9A、C相电流10A时相电流平衡度为：相电流平衡度=（4.9/10）×100%=49%，小于50%时动作时间应为2s。

（3）某三相电动机额定电流为10A，A相实测电流10A、B相实测电流15A、C相实测电流10A时，最大相电流大于额定电流的50%时动作时间应为2s。

（二）过载保护

过载保护采用反时限保护，各种原因引起的电动机过载，造成电流过大，超过保护器电流设定值，保护器动作，①—②间的1J常开触点断开，主交流接触器KM线圈失电，主触头断开,电动机停止运行。此时"过载"指示灯亮。电动机启动时间(3s)内电流小于8倍时,不做过载保护,电流大于8倍时,动作时间见表1-12。

表1-12 动作时间表

倍数	<1.3	1.3	1.5	2	3	4	5	6	7	8	≥9
时间,s	不动作	80	40	20	10	5	3	2	1	0.5	0.3

注:电动机启动时间(4s)不做过载保护。

(三)过压保护

当运行电压超过设定的过压值时,保护器将按设定的延时时间延时后动作,1→2间的常开触点断开,主交流接触器KM线圈失电,主触头断开,电动机停止运行。此时"过压"指示灯亮(若不需要此功能时可将此保护功能禁止)。

(四)欠压保护

当运行电压小于设定的欠压值时,保护器将按设定的延时时间延时后动作,1→2间的1J常开触点断开,主交流接触器KM线圈失电,主触头断开,电动机停止运行。此时"欠压"指示灯亮(若不需要此功能时可将此保护功能设定禁止)。

(五)过热保护

过热保护是指当热保护继电器常闭点断开,保护器立即动作。

五、常见故障与处理

该电路常见故障与处理见表1-13。

表1-13 常见故障与处理

故障现象	可能原因	处理方法	备注
不转动	(1)电压等级不符; (2)电源未接通; (3)电动机引接线未接正确; (4)电动机控制箱带有故障保护功能,故障排除后未复位键; (5)电动机内置温度继电器故障; (6)电动机定子绕组断线	(1)电源电压必须与电动机铭牌上的额定电压相一致; (2)检查并接通三相电源; (3)根据所选定的转矩型式按照接线表正确连接电动机引接线; (4)故障排除后先按复位键再启动电动机; (5)把有故障的电动机内置温度继电器短接; (6)修复或更换定子绕组	最多只能短接2个有故障的电动机内置温度继电器。再多就要更换电动机内置温度继电器
启动困难	(1)油井发生砂卡、蜡卡; (2)转矩型式选用过低; (3)电动机与抽油机不匹配	(1)排除油井故障; (2)电动机转矩调高一挡; (3)换功率高一挡的电动机	
工作中突然停转	(1)电动机过热,电动机内置温度继电器断开; (2)油井发生砂卡、蜡卡; (3)电动机控制箱中综合保护器动作	(1)排除过热故障,待电动机冷却后再启动; (2)排除油井故障; (3)找出综合保护器动作原因并排除故障。可能的故障原因有:电压过高、过低、断相、过流、过载、过热等	

电路6　YCCH 系列三相超高转差率电动机控制电路

续表

故障现象	可能原因	处理方法	备注
过热	(1) 负载过重； (2) 油井发生砂卡、蜡卡	(1) 换用功率高一挡的电动机； (2) 排除油井故障	
震动大	(1) 电动机地脚不平或地脚螺钉松动； (2) 轴承磨损严重	(1) 垫平地脚，紧固螺钉； (2) 更换轴承	拆卸时避免重打、重敲
噪声大	(1) 轴承磨损严重或缺油； (2) 电网非正弦波污染严重； (3) 皮带轮松动或不正	(1) 更换轴承或补充轴承润滑脂； (2) 采取消除谐波措施； (3) 紧固皮带轮，正确安装	
外壳带电	(1) 电动机外壳未有效接地； (2) 电动机内部受潮； (3) 电动机绝缘老化	(1) 电动机外壳可靠接地； (2) 电动机内部进行干燥处理； (3) 电动机进行绝缘处理	

电路 7　YCHD 系列三相超高转差率电动机控制电路

电路简介

YCHD 系列高转差率双速电动机是 YCH 系列三相高转差率电动机的派生产品，包括 12/6 极、12/8 极和 8/6 极，该电动机可十分方便地调整抽油机冲次，适用于工况多变油井。合理选用不同极数的电动机，根据供液情况随时调整速度，避免空抽，可以取得很好的节能效果。电动机绕组内装有过温保护热继电器，能够通过控制保护装置保障电动机的可靠运行。电动机具有两种转速输出可供选择，能够与运行在不同冲次的抽油机达到良好的匹配。

一、原理图

YCHD 系列三相超高转差率电动机控制箱电路如图 1-7 所示。

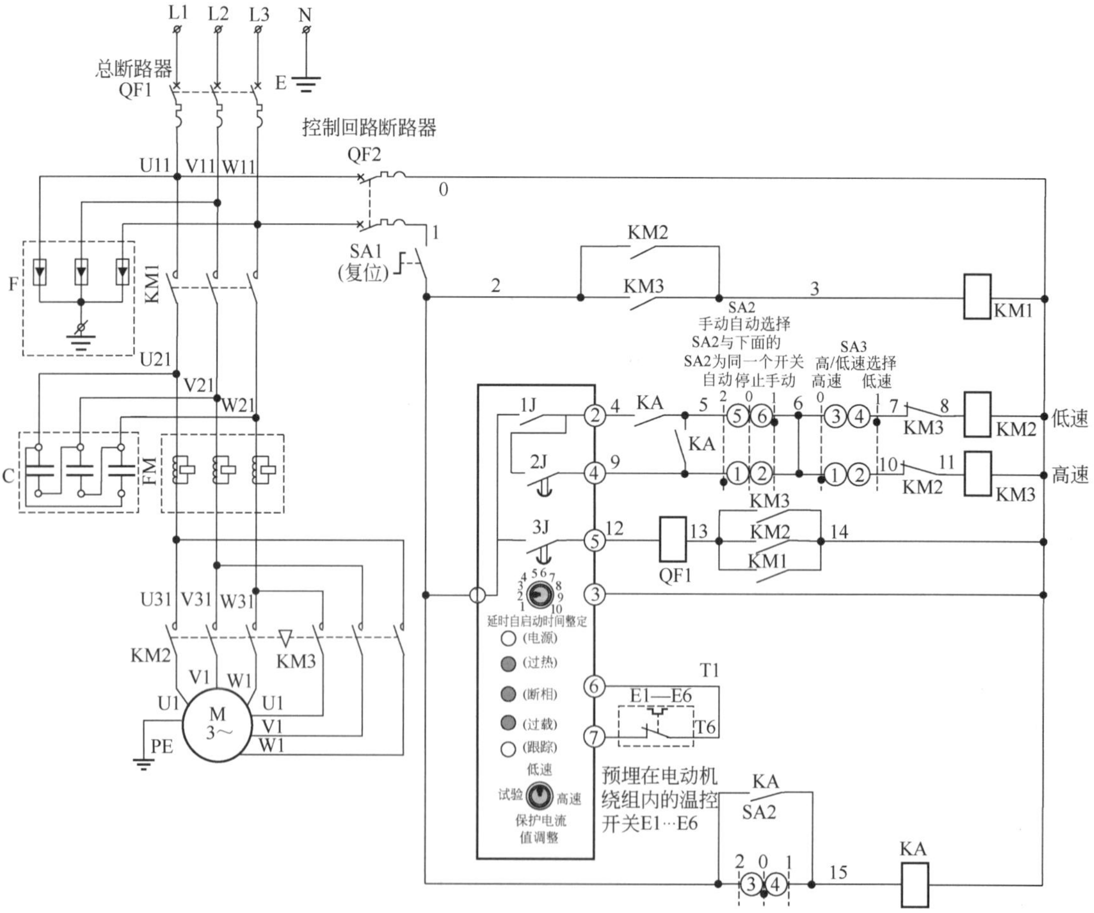

图 1-7　YCHD 系列三相超高转差率电动机控制电路原理图

电路 7　YCHD 系列三相超高转差率电动机控制电路

电动机保护器 YCHD-6（8/6）SY-MG 接线方法为：

（1）接线端子①—③为保护器电源，即 AC380V。

（2）接线端子①—②保护控制常开触点，启动时闭合，故障后释放。

（3）接线端子①—④为保护器延时自启端子。

（4）接线端子①—⑤为故障后瞬时闭合、延时断开常开触点，当保护器检测到故障后接通断路器分励线圈，使断路器跳闸。

（5）接线端子⑥—⑦为外接"过热"常闭点输入。

二、电器元件及功能

该电路的电器元件及功能见表 1-14。

表 1-14　电器元件及功能明细表

文字符号	名称	型号	电器元件在该电路中的作用
QF1	总断路器	RDM1-250L	在主电路中起控制兼保护作用
KM1	交流接触器	CJX1-140/22	其主触头接通或分断电动机的主电路，并且利用其辅助触头实现逻辑控制关系
KM2	交流接触器	CJX1-140/22	其主触头接通或分断电动机低速的主电路，并且利用其辅助触头实现逻辑控制关系
KM3	交流接触器	CJX1-140/22	其主触头接通或分断电动机高速的主电路，并且利用其辅助触头实现逻辑控制关系
KA	中间继电器	JZC4-22	控制电路复位功能，当转换开关 SA2 拨至 [0] 位时 KA 线圈得电，其 2—15 触头闭合实现自锁
QF2	控制回路断路器	DZ47-63	在控制回路中主要起短路保护作用，用于保护线路及电器元件
SA1	复位转换开关	LA16-11	断开回路电源，进行复位
SA2	自动与手动选择开关	LW5D-16	电动机手动/自动选择及启动与停止控制
SA3	转速转换开关	LA38-11	电动机高速和低速的转换
FM	电动机保护器	YCHD-6（8/6）SY-MG	启动停止电动机运行，并对电动机提供过载、过流、缺相、堵转、短路、过压、欠压、漏电、三相不平衡等保护作用
M	CJT1-6 电动机	YCHD280L-8/6	将电能转变为机械能，带动抽油机运行
FS	过电压保护器	TFL-C40	对于过电压和浪涌进行保护
C	自愈式并联电容器组	BKMJ-6-8	提高功率因数
WJ1—WJ6	常闭温控开关	KSD9700	在电路中起控温作用，当电动机绕组过热时切断控制回路电源，从而切断主回路电源

三、电路工作原理

（一）闭合总电源

闭合总断路器【QF1】、【QF2】，保护器上电。

首次使用时应先将电动机转速选择为低转速，闭合【SA1】上电复位开关后，应按使用要求设置电动机保护器设置参数,设置自动启动的延时时间,根据电动机的额定电流选择合适的电动机保护器,直至电气参数发生变化再次改变这些参数设置。

（二）电动机手动运行及停止

1. 高速/低速选择

将转换开关 SA3【高/低速】开关旋转至［1］低速位置,转换开关 SA2【手动/自动】开关,放置［1］手动位置,KA 中间继电器线圈得电,KA 常开触点闭合。

2. 手动运行启动

将转换开关 SA2【手动/自动】开关旋转至手动［1］位置,由于 4→5 间的 KA 常开触点已闭合,此时回路经 1→2→4→5→6→7→8→0 号线闭合,KM2 线圈得电。电动机低速 KM2 主触头闭合,同时 2→3 间的 KM2 常开触点闭合,回路经 1→2→3→0 闭合,主交流接触器 KM1 线圈得电,KM1 主触头闭合,电动机低速运行。

同时,10→11 间 KM2 常闭触点断开,与 KM3 实现电气联锁。

3. 手动运行停止

操作前先选择高/低速转换开关 SA3,即可实现电动机低速 750 转/min 至高速 1000 转/min 的改变。

将转换开关 SA2【手动/自动】开关旋转至［0］停止位置,⑤—⑥端子断开,KM2 线圈失电,电动机低速 KM2 主触头断开,回路 2→3 断开,主交流接触器 KM1 线圈失电,主触头断开,电动机停止运行。

同时,10→11 间 KM2 常闭触点复位,断开总电源【QF1】,以免误操作。

（三）电动机自动运行及停止

1. 高速/低速选择

操作前先选择高/低速转换开关 SA3,即可实现电动机低速 750 转/min 至高速 1000 转/min 的改变。

将转换开关 SA2【手动/自动】开关,由［0］位置旋转至自动位置［2］,转速开关 SA3 选择为低速。

2. 自动运行启动

当闭合总电源【QF1】,电动机保护器上电复位后,保护器按用户设定的延时启动时间动作,保护器的②—④间延时闭合常开触点闭合,KM2 线圈得电,电动机低速 KM2 主触头闭合,2→3 间的 KM2 常开触点闭合自锁,回路经 1→2→3→0 闭合,主交流接触器 KM1 线圈得电,KM1 主触头闭合,电动机低速运行。

3. 自动运行停止

停机时,将转动复位开关 SA1 至于开位,回路 1→2 断开,电动机控制回路断电,主交流接触器 KM1 线圈失电,主触头断开,电动机停止运行。

同时,断开总电源【QF1】,以免误操作。

4. 关于自启动功能的设定

(1) 在自启动延时过程中,若想解除自启动,应将【SA2】旋转至手动［1］位置,才能改变自启动状态。

(2) 自启动延时时间:时间设定范围为 0.5~10s,按可调电位器刻度选择。

(3) 故障后延时输出:当保护器故障保护动作后,延时 1s,断路器分励脱扣器线圈得电吸合，断路器分励脱扣器线圈吸合 3s 后自动释放。

四、保护功能

（一）断相保护

当任一相缺相或相电流平衡度小于 50% 时，或最大相电流大于额定电流的 50% 时，动作时间 2s。①—②间的 1J 常开触点断开，交流接触器 KM2（KM3）线圈失电，主触头断开，电动机停止运行。此时"断相"指示灯亮。

例：（1）某三相电动机缺相时 A 相电流 10A、B 相电流 0A、C 相电流 10A 时相电流平衡度为：

相电流平衡度＝最小相电流/最大相电流×100%＝0/10×100%＝0%，小于 50% 时动作时间应为 2s。

（2）某三相电动机 A 相电流 10A、B 相电流 4.9A、C 相电流 10A 时相电流平衡百分比为：相电流平衡百分比＝4.9/10×100%＝49%，小于 50% 时动作时间应为 2s。

（3）某三相电动机额定电流为 10A，A 相实测电流 10A、B 相实测电流 15.1A、C 相实测电流 10A 时，最大相电流大于额定电流的 50% 时动作时间应为 2s。

（二）过载保护

过载保护采用反时限保护，各种原因引起的电动机过载，造成电流过大，超过保护器电流设定值，保护器动作，①—②间的 1J 常开触点断开，交流接触器 KM2（KM3）线圈失电，主触头断开，电动机停止运行。此时"过载"指示灯亮。电动机启动时间（3s）内电流小于 8 倍时，不做过载保护，电流大于 8 倍时，动作时间见表 1-15。

表 1-15 动作时间表

倍数	<1.3	1.3	1.5	2	3	4	5	6	7	8	≥9
时间，s	不动作	80	40	20	10	5	3	2	1	0.5	0.3

注：电动机启动时间（4s）不做过载保护。

（三）过压保护

当运行电压超过设定的过压值时，保护器将按设定的延时时间延时后动作，①—②间的 1J 常开触点断开，交流接触器 KM2（KM3）线圈失电，主触头断开，电动机停止运行。此时"过压"指示灯亮（若不需要此功能时可将此保护功能禁止）。

（四）欠压保护

当运行电压小于设定的欠压值时，保护器将按设定的延时时间延时后动作，①—②间的 1J 常开触点断开，交流接触器 KM2（KM3）线圈失电，主触头断开，电动机停止运行。此时"欠压"指示灯亮（若不需要此功能时可将此保护功能禁止）。

（五）过热保护

当热保护继电器常闭点断开，保护器立即动作。①—②间的 1J 常开触点断开，交流接触器 KM2（KM3）线圈失电，主触头断开，电动机停止运行。此时"过热"指示灯亮。

五、常见故障与处理

该电路常见故障与处理见表 1-16。

表 1-16 常见故障与处理

故障现象	原因分析	排除方法	备注
不转动	(1) 电压等级不符； (2) 电源未接通； (3) 电动机引接线未接正确； (4) 电动机控制箱带有故障保护功能，故障排除后未按复位键； (5) 电动机内置温度继电器故障； (6) 电动机定子绕组断线	(1) 电源电压必须与电动机铭牌上的额定电压相一致； (2) 检查并接通三相电源； (3) 根据所选定的转矩型式按照接线表正确连接电动机引接线； (4) 故障排除后先按复位键再启动电动机； (5) 把有故障的电动机内置温度继电器短接； (6) 修复或更换定子绕组	最多只能短接 2 个有故障的电动机内置温度继电器，再多就要更换电动机内置温度继电器
启动困难	(1) 油井发生砂卡、蜡卡； (2) 转矩型式选用过低； (3) 电动机与抽油机不匹配	(1) 排除油井故障； (2) 电动机转矩调高一挡； (3) 换功率高一挡的电动机	
工作中突然停转	(1) 电动机过热，电动机内置温度继电器断开； (2) 油井发生砂卡、蜡卡； (3) 电动机控制箱中综合保护器动作	(1) 排除过热故障，待电动机冷却后再启动； (2) 排除油井故障； (3) 找出综合保护器动作原因并排除故障。可能的故障原因有：电压过高、过低、断相、过流、过载、过热等	
过热	(1) 负载过重； (2) 油井发生砂卡、腊卡	(1) 换用功率高一挡的电动机； (2) 排除油井故障	
震动大	(1) 电动机地脚不平或地脚螺钉松动； (2) 轴承磨损严重	(1) 垫平地脚，紧固螺钉； (2) 更换轴承	拆卸时避免重打重敲
噪声大	(1) 轴承磨损严重或缺油； (2) 电网非正弦波污染严重； (3) 皮带轮松动或不正	(1) 更换轴承或补充轴承润滑脂； (2) 采取消除谐波措施； (3) 紧固皮带轮，正确安装	
外壳带电	(1) 电动机外壳未有效接地； (2) 电动机内部受潮； (3) 电动机绝缘老化	(1) 电动机外壳可靠接地； (2) 电动机内部进行干燥处理； (3) 电动机进行绝缘处理	

电路 8　CHDK 抽油机来电自启动电动机控制电路

电路简介

该电路采用连续运转的方式，控制电动机的启动与停止。可控制抽油井及螺杆泵井。其通过电动机综合保护器对电动机实现断相保护、过载保护、过压保护、欠压保护功能。同时具有短时断电来电自启功能，可手动、自动自由选择，并且可通过保护器及按钮两地控制。

一、原理图

CHDK 抽油机来电自启动电动机控制电路如图 1-8 所示。

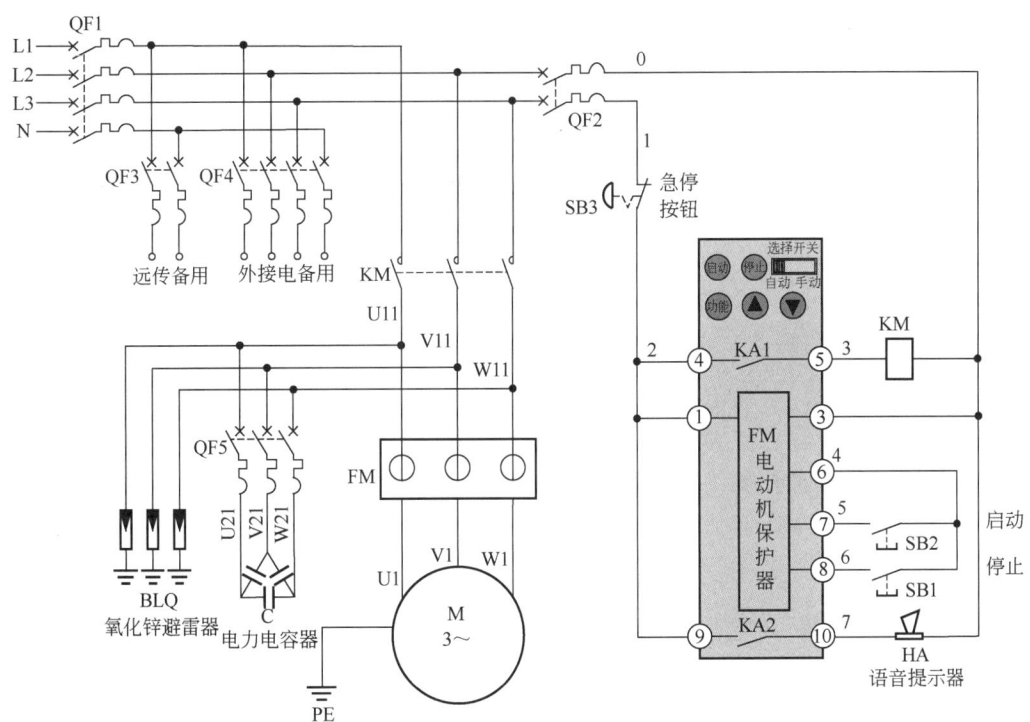

图 1-8　CHDK 抽油机来电自启动电动机控制电路原理图

电动机综合保护器 HGN-ADWPB 接线方法为：
（1）接线端子①—③为控制器电源，即 AC380V。
（2）接线端子④—⑤为控制常开，启动时闭合，故障后释放。
（3）接线端子⑥—⑦为外接"启动"按钮 S1（常开）。
（4）接线端子⑥—⑧为外接"停止"按钮 S2（常开）。
（5）接线端子⑨—⑩为报警。
注：停止按钮必须用常开。

二、电器元件及功能

该电路的电器元件及功能见表1-17。

表1-17 电器元件及功能明细表

文字符号	名称	型号	电器元件在该电路中的作用
QS	空气开关	BRM1-225S	在主电路中起控制兼保护作用
KM	交流接触器	NC2-115	其主触头接通或分断电动机的主电路,并且利用其辅助触头实现逻辑控制关系
QF	断路器	DZ47LE-32	在控制回路电路中主要起短路保护作用,用于保护线路及电器元件
FM	电动机综合保护器	HGN-ADWPB-300A-380V-SXS	对电动机提供过载、缺相、堵转、过压、欠压等保护和5min断电后来电自启作用
M	三相异步(同步)电动机	TNM-250S-12	将电能转变为机械能,带动抽油机运行
SB1	停止按钮	红色 LA38-11	在电路中起断开运行回路作用
SB2	启动按钮	绿色 LA38-11	在电路中起接通运行回路作用
SB3	急停按钮	红色 LA38-11ZS	在电路中起紧急断开回路并锁定作用
HA	语音提示器	YYTQ-01	在来电自启动时发语音警示
BLQ	氧化锌避雷器	HY1.5W-0.5/1.6	防止过电压对系统和设备绝缘的损害
C	电力电容器	BSMJ0.45-16-3	补偿无功功率

三、电路工作原理

(一)闭合总电源

闭合总电源【QF1】,主电路送电;闭合控制电源【QF2】保护器上电。

保护器上电复位后,首次使用将电动机保护器选择为手动,然后根据油井情况按使用要求设置控制器设置参数,数据改变后延时10s即保存这些内容,直至再次改变这些设置。各项设置参数在运行前和运行过程中都允许改变(设置结束后小于10s停电将不保存改变的参数)。

(二)电动机手动、自动运行选择

选择时应根据油井相关情况如油质、负荷等与工艺等相关部门结合决定该井是否适合短时断电来电自启。如适合应将开关拨至自动;如该井不适合应将开关拨至手动一侧。首次启动与人为停机都需要手动启动;自动启动功能可使瞬时(1s内)停电不停机和短时(5min内)断电来电后实现自启动。

(三)电动机手动运行及停止

将保护器面板上手动/自动开关,拨至手动位置。

1. 手动运行启动

按下启动按钮【SB2】,回路4→5闭合,电动机保护器内部继电器动作,继电器KA1的2→3间常开触点闭合自锁,主交流接触器KM线圈得电,KM主触头吸合,电动机连续运行。

2. 手动运行停止

按下停止按钮【SB1】，回路 4→6 闭合，电动机保护器内部继电器动作，继电器 KA1 的 2→3 间常开触点断开，主交流接触器 KM 线圈失电，KM 主触头断开，电动机停止运行。同时按下【SB3】或断开总电源【QS】，以免误操作。

同时，按下保护器面板上的启动、停止按钮，也可进行相同操作。

（四）电动机自动运行及停止

将保护器面板上手动/自动开关，拨至自动位置。

1. 自动运行启动

当短时间（5s 内）断电后，电网恢复供电，并且电总电源【QF1】在闭合状态下保护器上电复位后，首先继电器 KA2 的 2→7 常开触点闭合（自启动延时小于 30s 时）语音提示器得电，并发出报警声；然后保护器按用户设定的延时启动时间动作，继电器 KA1 的 2→3 间常开触点闭合自锁，主交流接触器 KM 线圈得电，主触头闭合，电动机连续运行。同时继电器 KA2 的 2→7 间常开触点断开，语音提示器停止工作。

2. 自动运行停止

停机时，手动按下停止按钮【SB2】，回路 4→6 闭合，电动机保护器内部继电器动作，KA1 的 2→3 间常开触点断开，主交流接触器 KM 线圈失电，主触头断开，电动机停止运行。同时，按下【SB3】或断开总电源【QF1】，以免误操作。

3. 抗晃电

当停电时间小于 1s，控制器将保持原状态，接触器保持闭合；晃电后直接运行。若停电时间大于 1s 且小于 5min 时则按来电自启处理。要求晃电时间小于 1s 是因为考虑到抽油机在晃电时，曲柄及平衡块仍在惯性摆动，不会造成电动机和设备逆向启动。避免大电流和大力矩对电动机和设备的冲击。

4. 手动闭合【QS1】

当油井运行平稳后，根据其功率因数情况，在功率因数<0.4 时手动闭合【QF5】使电容投入运行。

四、保护原理

（一）断相及相电流不平衡保护

当任何一相缺相或相电流平衡度小于设定的电流平衡度时，保护器动作，动作时间 2s。电动机停止运行，此时"断相"指示灯亮，若不需要此功能时可将此保护功能设置为禁止。

设定时按【功能】键，当功能显示为"Sc"时，用【▲▼】键改变数值（OFF→10→30 循环可选，OFF 为该功能关闭）。

注：相电流平衡度保护值设定值越大，保护动作灵敏度越高。

（二）过载保护

过载保护采用反时限保护，各种原因引起的电动机过载，造成电流过大，超过保护器电流设定值，保护器动作，2→3 常开触点断开，电动机停止运行，此时"过载"指示灯亮。

过载电流设置：设定时按【功能】键，当功能显示为"Sp"时，数值显示为在用电动机的额定电流（单位：A），用【▲▼】键根据实际情况改变数值（10→160 循环可选）。

过载延时设置：设定时按功能键，当功能显示为"St"时，数值显示为默认值 1.2 倍过载延时时间（单位：s），用【▲▼】键根据实际情况改变数值（10→80 循环可选）。

注：电动机启动时间（2s）不做过载保护。

（三）过压保护

当运行电压超过设定的过压值时，保护器将按设定的延时时间延时后动作，2→3 间常开触点断开，主交流接触器 KM 线圈失电，主触头断开，电动机停止运行。此时"过压"指示灯亮，若不需要此功能时可将此保护功能禁止。

过压设置：设定时按【功能】键，当功能显示为"OU"时，数值显示为过压值（单位：V），用【▲▼】键根据实际情况改变数值（OFF→400→450 循环可选，OFF 为该功能关闭）。

过压保护延时设置：设定时按功能键当功能显示为"Od"时，数值显示为过压延时值（单位：s），用【▲▼】键根据实际情况改变数值（20→200 循环可选）。

注：如过压设置选择 OFF，则过压延时设置无作用。

（四）欠压保护

当运行电压小于设定的欠压值时，保护器将按设定的延时时间延时后动作，2→3 间常开触点断开，电动机停止运行。此时"欠压"指示灯亮，若不需要此功能时可将此保护功能禁止。

欠压设置：设定时按【功能】键，当功能显示为"LU"时，数值显示为欠压值（单位：V），用【▲▼】键根据实际情况改变数值（OFF→320→360 循环可选，OFF 为该功能关闭）。

欠压保护延时设置：设定时按【功能】键，当功能显示为"Ld"时，数值显示为欠压延时值（单位：s），用【▲▼】键根据实际情况改变数值（20→200 循环可选）。

注：如欠压设置选择 OFF，则欠压延时设置无作用。

（五）自启动延时

当运行过程中因种种原因造成电网短时断电（5min 内）后再来电时，保护器上电复位时，若手动选择开关位于自动位置时，保护器将按设定的延时时间延时后自动启动电动机运行，显示为"ED"时数值显示为距启动时的剩余时间。

自启动延时设置：设定时按【功能】键当功能显示为"Sd"时，数值显示为自启动延时值（单位：s），用【▲▼】键根据实际情况改变数值（1→180 循环可选）。

注：一条线路上多口自启动油井，其各自启动延时时间应不相同，防止多台设备同时启动对电网形成冲击。建议同一线路上各启动延时时间相隔 2s 以上。

（六）故障保护显示

控制器可记忆最近一次故障保护原因，其发生的故障灯在没有复位的情况下会显示：

运行——控制器正常运行指示。

缺相——发光管指示缺相故障或相电流不平衡，且功能显示电流最小相或所缺相。

过载——发光管指示过载或堵转故障，且数值显示过载最大电流值。

过压——发光管指示过压故障。

欠压——发光管指示欠压故障。

故障复位——当电动机出现故障时，保护器将显示故障并自锁，若解除自锁必须按停止按键；当复位完成后，故障灯会熄灭，保护器上只有电源灯亮，这时就可以再次启动了；当

电路 8　CHDK 抽油机来电自启动电动机控制电路

按停止不能复位时，可断开电源 1~2min 等保护器电源灯及故障灯都熄灭后，再合上电源。

五、常见故障与处理

该电路常见故障与处理见表 1-18。

表 1-18　常见故障与处理

常见故障	可能原因	处理方法
按下启动按钮 SB2，电动机不能启动	(1) 主回路无电； (2) 控制回路 QF1 断路器损坏； (3) 启动按钮内触点接触不良； (4) 交流接触器 KM 线圈损坏； (5) 保护器损坏； (6) 电动机损坏； (7) 接线错误； (8) 控制回路导线接触不良或导线断路； (9) 主回路导线接触不良或导线断路	(1) 检查三相电压是否正常； (2) 更换 QF1 断路器； (3) 修复触点或更换按钮； (4) 更换交流接触器 KM 线圈； (5) 更换保护器； (6) 更换电动机； (7) 检查接线是否正确； (8) 检查控制回路导线有无虚接、断路； (9) 检查主回路导线有无虚接、断路
按下停止按钮 SB1，电动机不能停止	(1) 停止按钮内触点粘连； (2) 交流接触器 KM 主或辅助触头粘连； (3) 保护器损坏	(1) 修复触点或更换按钮； (2) 更换交流接触器主触头、辅助触头或更换交流接触器； (3) 更换保护器
保护器显示"缺相"	(1) 电源缺相； (2) 交流接触器主触头故障； (3) 电动机损坏	(1) 检查电源电压是否正常； (2) 更换交流接触器； (3) 更换电动机
保护器显示"过载"	(1) 电流增大； (2) 保护器电流值设定过小； (3) 电动机损坏	(1) 查找电流增大原因； (2) 根据电动机额定电流，设定保护器过载动作电流值； (3) 更换电动机
保护器显示"欠载"	(1) 保护器设置额定电流值过大； (2) 电动机空载运行	(1) 重新设置额定电流值； (2) 检查电动机皮带是否断掉，皮带轮是否牢固

电路 9　ZBKII10A 型抽油机智能电动机保护控制电路

电路简介

该电路采用连续运转的方式，控制电动机的启动、停止，通过智能电动机保护控制装置对电动机实现断相、堵转、过载、过压进行保护。

一、原理图

ZBKII10A 型抽油机智能电动机保护控制电路如图 1-9 所示。

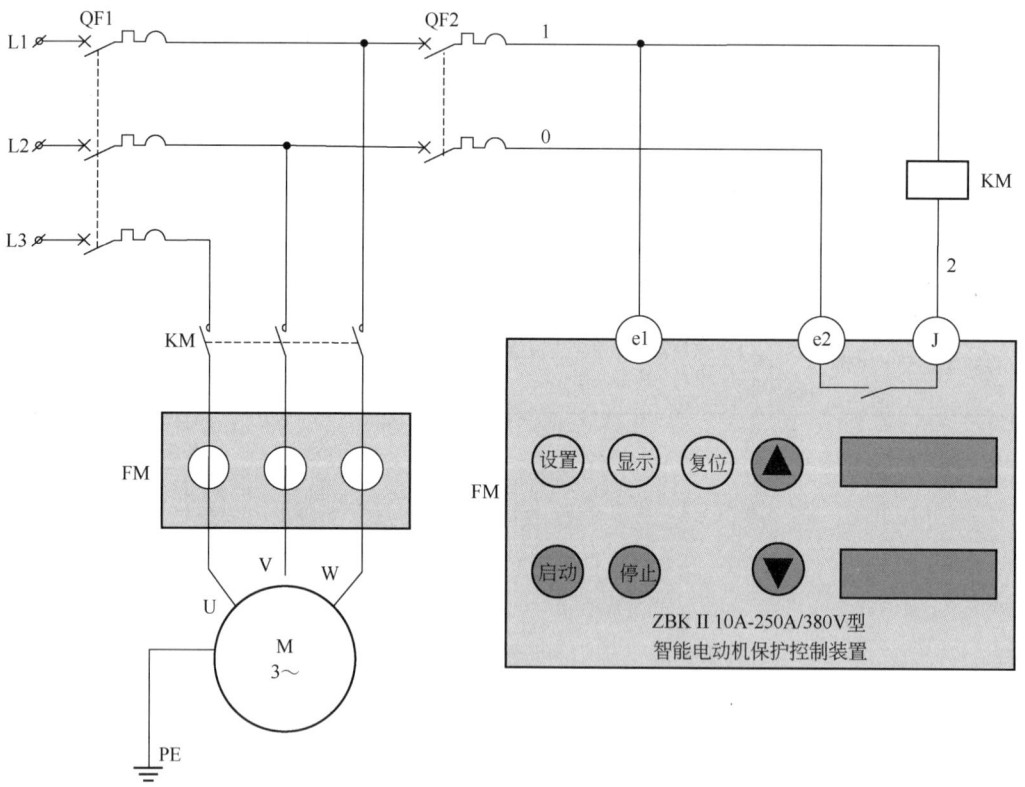

图 1-9　ZBKII10A 型抽油机智能电动机保护控制电路原理图

注：

e1、e2—智能电动机保护控制装置的电源，电压为 380V。e1 为电源的一个接线端子；e2 为电源的另一个接线端子并且是输出触点。

J—智能电动机保护控制装置输出的主触点，接电路的交流接触器，运行时将一直闭合。

电路 9　ZBKII10A 型抽油机智能电动机保护控制电路

二、电器元件及功能

该电路的电器元件及功能见表 1-19。

表 1-19　电器元件及功能明细表

文字符号	名称	型号	电器元件在该电路中的作用
FM	智能电动机保护控制装置	ZBKII10A-250A/380V	对电动机提供控制兼保护作用，保护功能有过载定时限保护（可关闭）、过载反时限保护、断相、三相不平衡等保护功能
QF1	断路器	NM1-250H/3	电源总开关，在主电路中起控制兼保护作用
QF2	断路器	DZ47-60	控制回路开关，在电路中起控制兼保护作用
KM	交流接触器	NC2-115	工频运行接触器，控制电动机工频启动与停止作用

三、保护器参数设定方法

（一）设置启动方式

出厂设定时设定为 0s，为手动启动方式，当数值设置为 1~200s 时是自动启动方式，给保护器送电，数码管显示"----"，按住【设置】键 3s 以上，当听到"嘟"的按键声时松开，此时设置 LED 指示灯开始闪烁，数码管显示为 [t 0]，此时为手动启动方式；当需要用延时自启动时，点按或按住【▲】键加数值，点按或按住【▼】键减数值，设定的范围是 1~200s，将数码管的数值设置到用启动所需要的时间即可。

（二）设置额定电流

出厂设定为 50A，设定范围 10~250A，自动启动时间的参数设置后，再按一下【设置】键，此时设置 LED 仍然闪烁，数码管显示为 [A 50]，点按或按住【▲】键加数值，点按或按住【▼】减数值，将数码管的数值调整到等于电动机"△"接法的额定电流值即可。

（三）确认存储

"自动延时"和"额定电流"两个参数设定后，必须再按一次【设置】键，此时设置 LED 熄灭，对设置的参数进行存储确认。

四、电路工作原理

（一）闭合总电源及参数设置

闭合总电源【QF1】，交流接触器上端带电；闭合控制电源【QF2】，控制回路得电，电动机保护器线圈得电，设定保护器参数。

（二）手动启动与停止

1. 手动启动

设置为手动启动时，数码管将显示为"----"，控制装置为待机状态，按保护器面板【启动】键，回路 1→2→0 闭合，保护器 1→0 常开触点闭合自锁，KM 线圈得电，主回路中 KM 主触头闭合，电动机运行。电动机启动后"运行"LED 灯亮，数码管的第一位显示"A"后三位默认显示电动机"B"的工作电流值。

2. 手动停止

按保护器面板【停止】键,保护器 1→0 常开触点断开,KM 线圈失电,主回路中 KM 主触头断开,电动机停止运行。电动机停止后"运行"LED 灯熄灭。

(三)自动启动与停止

1. 自动启动

当设置延时自启时,控制装置只能在每次重新合闸送电后,根据用户设定的时间进行倒计时(此时数码管显示剩余时间,蜂鸣器鸣响警示,提醒注意安全),时间到自动启动电动机运行。在倒计时过程中,按【启动】键也可以立即启动电动机运行。电动机启动后"运行"LED 灯亮,数码管的第一位显示"A"后三位默认显示电动机"B"的工作电流值。

2. 自动停止

按保护器面板【停止】键,保护器 1→0 常开触点断开,KM 线圈失电,主回路中 KM 主触头断开,电动机停止运行。电动机停止后"运行"LED 灯熄灭。

(四)运行及停机指示

运行时按【显示】键可循环查看 A、B、C 三相电流及电源电压,数码管的第一位标识分别为"A""B""C""U"。查看后如果没有按键操作,延时一段时间后自动显示"B"相电流。

停机状态下可以查看电源电压值,查看后如是没有按键操作,同样延时一段时间后自动显示"----"。

五、保护功能

运行过程中,当出现断相、堵转、过载、过压等情况,相关 LED 灯开始闪烁报警,智能电动机保护控制装置进入延时判断状态,当故障一直持续,智能电动机保护控制装置将自动保护停机。相应的故障 LED 灯常亮,数码管显示"F-××",表示持续停机"××"分钟,当大于一小时则显示"S-××",表示持续停机"××"小时。

在故障停机状态下按【启动】键,不能启动电动机。此时用户可根据 LED 灯的显示非常方便地排除故障。当故障排除后,按【停止】键、【复位】键或重新合闸送电,就可以进行正常的启停机操作了。

六、常见故障与处理

该电路常见故障与处理见表 1-20。

表 1-20 常见故障与处理

常见故障	可能原因	处理方法
按下保护器面板【启动】键,电动机不能启动	(1) 主回路无电; (2) 控制回路 QF2 断路器损坏; (3) 启动按钮内触点接触不良; (4) 交流接触器 KM 线圈损坏; (5) 保护器损坏; (6) 电动机损坏; (7) 接线错误; (8) 控制回路导线接触不良或导线断路; (9) 主回路导线接触不良或导线断路	(1) 检查三相电压是否正常; (2) 更换 QF2 断路器; (3) 修复触点或更换按钮; (4) 更换交流接触器 KM 线圈; (5) 更换保护器; (6) 更换电动机; (7) 检查接线是否正确; (8) 检查控制回路导线有无虚接、断路; (9) 检查主回路导线有无虚接、断路

电路 9　ZBKII10A 型抽油机智能电动机保护控制电路

续表

常见故障	可能原因	处理方法
按下保护器面板【停止】键，电动机不能停止	(1) 停止按钮内触点粘连； (2) 交流接触器 KM 主或辅助触头粘连； (3) 保护器损坏	(1) 修复触点或更换按钮； (2) 更换交流接触器主触头、辅助触头或更换交流接触器； (3) 更换保护器
保护器显示"断相"	(1) 电源缺相； (2) 交流接触器主触头故障； (3) 电动机损坏	(1) 检查电源电压是否正常； (2) 更换交流接触器； (3) 更换电动机
保护器显示"堵转"	(1) 电动机扫镗； (2) 轴承散架； (3) 线圈匝间短路	(1) 检查电动机是否扫镗； (2) 检查轴承是否损坏； (3) 使用电桥测量线圈电阻
保护器显示"过载"	(1) 电流增大； (2) 保护器电流值设定过小； (3) 电动机损坏	(1) 查找电流增大原因； (2) 根据电动机额定电流，设定保护器过载动作电流值； (3) 更换电动机

电路 10　SDK 型电动机保护控制器抽油机控制电路

电路简介

该电路具有手动启动及延时自启功能，只需设置电动机的额定电流值，各种保护功能均由可用微电脑自动监控。启动及运行时可以自动根据运行电流自动切换"Y"与"△"运行方式，即"△"启动，"△"或"Y"运行。装置可以根据负载的大小，自动切换为"△"或"Y"运行，当变压器的高压侧断相或高压侧虚接时该装置也将会保护停机。

一、原理图

SDK 型电动机保护控制器抽油机控制电路如图 1-10 所示。

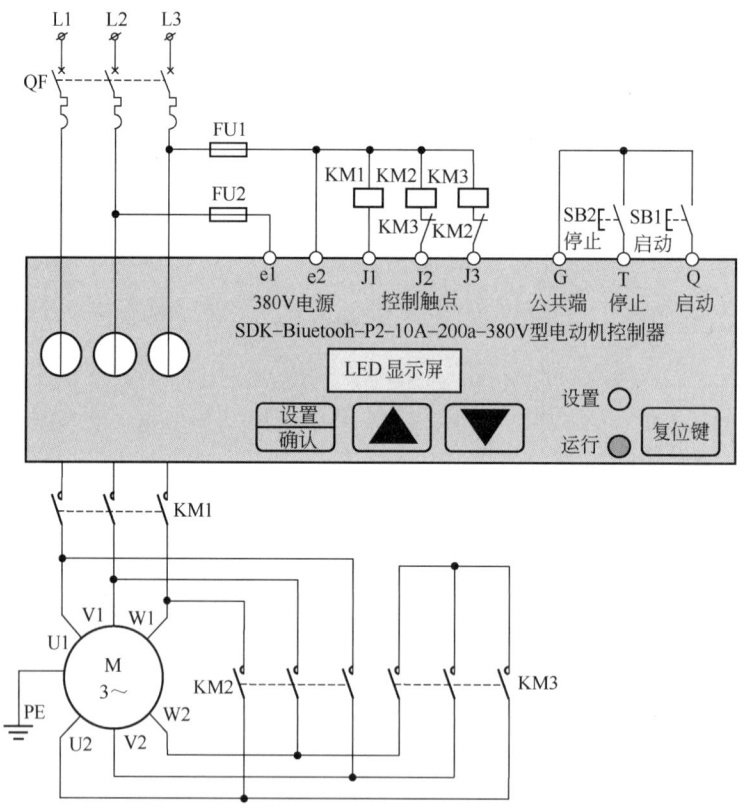

图 1-10　SDK 型电动机保护控制器抽油机控制电路原理图

注：

e1、e2——电动机保护断路器的电源，工作电压为 380V。e1 为电源的一个接线端子；e2 为电源的另一个接线端子，e2 并且也是三个输出触点（J1、J2、J3）的对应公用接线端子。

J1——电动机保护断路器输出的主触点，接电路的主交流接触器，运行时闭合，与 e2 连接，其他状态为断开。注意：根据电动机接线的差异，有些电动机的控制电路接线端子为空置不接。

J2——控制装置"△"运行模式或高功率模式的输出触点,当刚启动电动机或电动机负载较大时将闭合,与 e2 相连接,使电动机自动运行在"△"模式或高功率模式接法。

J3——控制装置"Y"运行模式或低功率模式的输出触点,电动机负载较小时将自动闭合,与 e2 相连接,使电动机运行在低功率模式或"Y"接法。

二、电器元件及功能

该电路的电器元件及功能见表 1-21。

表 1-21　电器元件及功能明细表

文字符号	名称	型号	电器元件在该电路中的作用
QF	断路器	NM1-250H/3	电源总开关,在主电路中起控制兼保护作用
FM	电动机保护控制器	SDK-Bluetooth-P2-10A-200A-380V	该控制器在起控制兼保护作用,控制器具有手动启动及延时自启功能,启动时可以躲过电动机启动电流,只需设置电动机的额定电流值,各种保护功能均为可用微电脑自动监控。当变压器的高压侧断相或高压侧虚接时该装置也将会保护停机,并可以根据负载的大小,自动切换为"△"或"Y"运行,也可以自动切换在高功率状态或低功率状态
FU1	熔断器	RT28-32 6A	在控制回路中主要起短路保护作用,用于保护线路及电器元件
FU2	熔断器	RT28-32 6A	在控制回路中主要起短路保护作用,用于保护线路及电器元件
KM1	交流接触器	NC2-115	工频运行接触器,控制电动机工频启动与停止作用
KM2	交流接触器	NC2-115	"△"运行接触器
KM3	交流接触器	NC2-115	"Y"运行接触器

三、保护器参数设定方法

使用前需在设置后才能启动电动机,按键采用微动键,操作时有按键音提示,具体步骤如下：

第一步,设置启动方式：出厂时设定为 0s,为手动启动方式,当数值设置为 1~200s 时是自动启动方式。

接通电源后,数码管显示"----",按住【设置】键 3s 以上,当听到"嘟"的按键音时松开,此时［设置］LED 指示灯开始闪烁,数码管显示为［t0］,此时为手动启动运行方式；当需要用延时自动启动时,点按或按住【▲】键加数值,点按或按住【▼】键为减数值,设定范围是 1~200s,将数码管的数值设置到设备所需要的时间即可实现自启功能。当设定为自动启动时,自动启动电动机的"△"接线状态即高功率状态运行。

第二步,设置额定电流：出厂时设定为 50A,设定范围 20~250A。自动启动时间的参数设置后,再按一下【设置】键,此时,［设置］LED 仍然闪烁,数码管显示为［A 50］,点按或按住【▲】键加数值,点按或按住【▼】键为减数值,将数码管的数值调整到等于电动机"△"形接法的额定电流值(即高功率状态的额定电流)即可。

第三步,确认存储：自启延时和额定电流两个参数设定后,必须再按一次【设置】键,此时［设置］LED 熄灭(或常亮),对设置的参数进行存储确认；使用中,需要更改设置的参数,应在待机、运行或保护状态下设置(在倒计时状态时不能设置更改参数)。

四、电路工作原理

闭合总电源及参数设置：

闭合总电源【QF】，交流接触器 KM1 上端带电，电动机保护器线圈得电，设定保护器参数。

（一）手动启动与停止

1. 手动启动

当数码管将显示为"----"控制装置为待机状态时，按下启动按钮【SB1】，启动电动机为高功率即"△"运行，电动机启动后［运行］LED 点亮，电动机运行后，控制器可以根据负载的大小，自动切换运行为"△"运行或"Y"运行（高功率或低功率运行）。

启动后，当数码管的第一位显示为"三"时，表示运行状态为"△"运行；当数码管的第一位显示为"Y"时，表示运行状态为"Y 接"，数码管的后三位显示的是电动机 B 相的瞬间运行电流值（A）。

2. 手动停止

按下停止按钮【SB2】，电动机停止运行，停机时［运行］LED 熄灭，数码管显示为"----"，电动机保护器进入待机状态。

（二）自动启动与停止

1. 自动启动

控制装置在停电后来电及重新合闸送电或按【复位】键后，即可根据用户设定的时间进行倒计时自启，此时数码管显示剩余时间，蜂鸣器鸣响警示，提醒注意安全，时间到后自动启动电动机为"△"启动。在倒计时过程中，按【启动】按钮也可以立即启动电动机，电动机启动后［运行］LED 点亮。

电动机运行后，可以根据负载的大小，自动切换运行为"△"运行或"Y"运行（即高功率或低功率运行）。

2. 自动停止

按下【停止】按钮，电动机停止运行，停机时［运行］LED 熄灭，数码管显示为"----"，电动机保护器进入待机状态。

（三）运行及停机指示

运行时按"显示"键可循环查看 A、B、C 三相电流及电源电压，数码管的第一位标识分别为"A""B""C""U"。查看后如果没有按键操作，延时一段时间后自动显示"B"相电流；停机状态下可以查看电源电压值，查看后如果没有按键操作，同样延时一段时间后自动显示"----"。

五、保护功能

运行过程中，当出现断相、堵转、过载、过压等情况，相关 LED 开始闪烁报警，电动机保护器进入延时状态，当故障一直持续，电动机保护器将自动保护停机。相应的故障 LED 变为常亮，数码管显示为"F-××"，表示持续停机"××"分钟，当大于 1 小时则显示"S-××"，表示为持续停机"××"小时。

电路 10　SDK 型电动机保护控制器抽油机控制电路

在故障停机状态下按【启动】按钮，不能启动电动机，此时可以根据 LED 的显示判断并排除故障，当故障排除后，按【停止】按钮、【复位键】或重新合闸送电，方可按【启动】按钮，才能启动电动机。

六、常见故障与处理

该电路常见故障与处理见表 1-22。

表 1-22　常见故障与处理

常见故障	可能原因	处理方法
按下启动按钮 SB1，电动机不能启动	（1）主回路无电； （2）控制回路 QF2 断路器损坏； （3）启动按钮内触点接触不良； （4）交流接触器 KM 线圈损坏； （5）保护器损坏； （6）电动机损坏； （7）接线错误； （8）控制回路导线接触不良或导线断路； （9）主回路导线接触不良或导线断路	（1）检查三相电压是否正常； （2）更换 QF2 断路器； （3）修复触点或更换按钮； （4）更换交流接触器 KM 线圈； （5）更换保护器； （6）更换电动机； （7）检查接线是否正确； （8）检查控制回路导线有无虚接、断路； （9）检查主回路导线有无虚接、断路
按下停止按钮 SB2，电动机不能停止	（1）停止按钮内触点粘连； （2）交流接触器 KM 主或辅助触头粘连； （3）保护器损坏	（1）修复触点或更换按钮； （2）更换交流接触器主触头、辅助触头或更换交流接触器； （3）更换保护器
保护器显示"断相"	（1）电源缺相； （2）交流接触器主触头故障； （3）电动机损坏	（1）检查电源电压是否正常； （2）更换交流接触器； （3）更换电动机
保护器显示"堵转"	（1）电动机扫镗； （2）轴承散架； （3）线圈匝间短路	（1）检查电动机是否扫镗； （2）检查轴承是否损坏； （3）使用电桥测量线圈电阻
保护器显示"过载"	（1）电流增大； （2）保护器电流值设定过小； （3）电动机损坏	（1）查找电流增大原因； （2）根据电动机额定电流，设定保护器过载动作电流值； （3）更换电动机
保护器显示"过压"	来电压过高	查找主电路控制电压过高的原因

第一章 抽油机井常见控制电路

电路 11　NJK3-T3 电动机综合保护器抽油机控制电路

电路简介

该电路适用于额定电压至 660V 以下，额定电流 20~200A 的交流电动机控制，具有过载、堵转、断相、三相不平衡等保护功能。控制方面具有自动复位、自启功能，当电动机发生故障时，可显示故障类型。同时红色数码管闪烁，同时显示故障代码。面板带启动、停止按键，可通过保护器及按钮两地控制。

一、原理图

NJK3-T3 电动机综合保护器抽油机控制电路如图 1-11 所示。

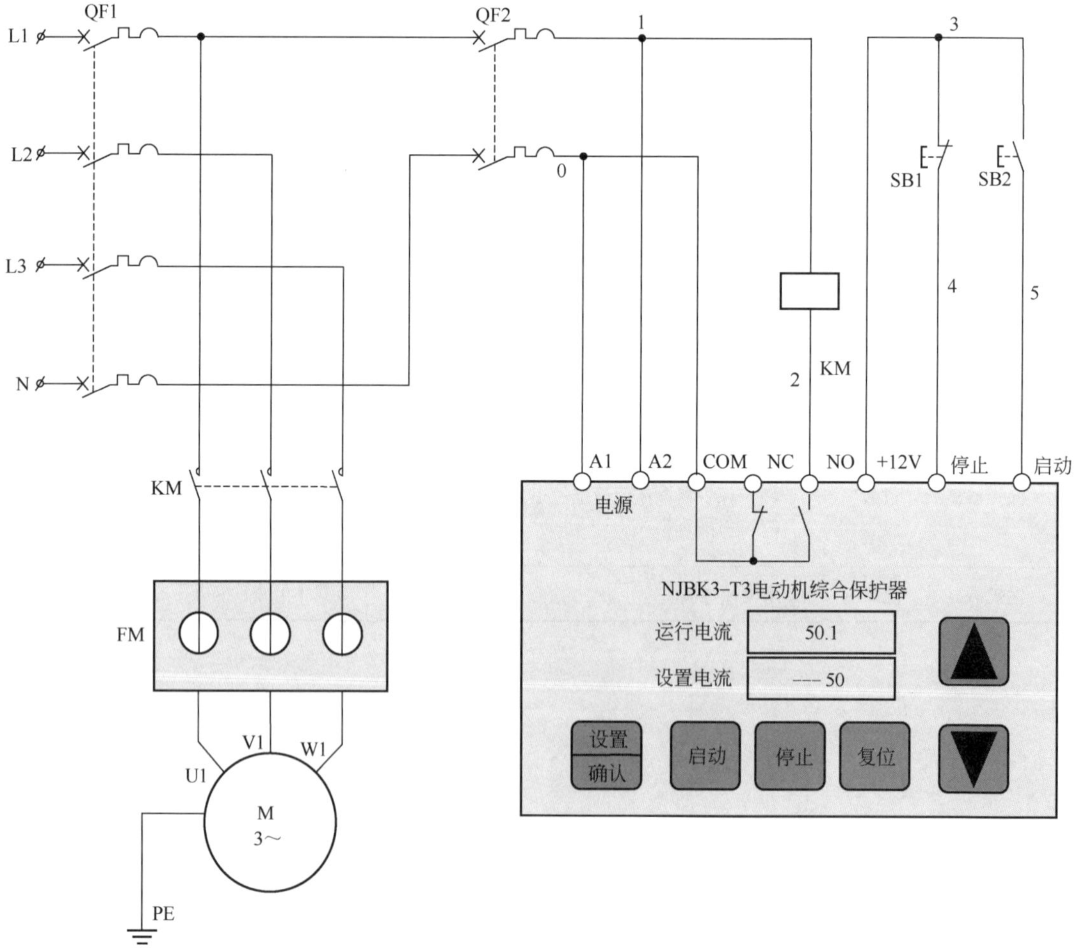

图 1-11　NJK3-T3 电动机综合保护器抽油机控制电路原理图

二、电器元件及功能

访电路的电器元件及功能见表 1-23。

表 1-23 电器元件及功能明细表

文字符号	名称	型号	电器元件在该电路中的作用
QF1	断路器	NM1-250H/3	电源总开关,在主电路中起控制兼保护作用
QF2	断路器	DZ47-60	控制回路开关,在电路中起控制兼保护作用
FM	电动机综合保护器	NJBK3-T3	对电动机提供控制兼保护作用,保护功能有过载定时限保护(可关闭)、过载反时限保护、断相、三相不平衡等保护功能
KM	交流接触器	NC2-115	工频运行接触器,控制电动机工频启动与停止作用

三、保护器参数设定方法

运行模式下按下【设置】键 3s 后进入设定模式:

(1) 设定电流:根据控制电动机的实际电流值,按下【▲】键或【▼】键改变保护器电流设定值(长按可快速缩短设定时间),设定范围(20~200A),出厂设定值为 50A。

(2) 设定脱扣等级:根据控制电动机的实际工作需要,按下【▲】键或【▼】键改变保护器脱扣等级设定值(长按可快速缩短设定时间),设定范围(1~5),出厂设定值为 2。

(3) 设定整定时限:打开定时限界面,按下【▲】键或【▼】键改变保护器定时限倍率设定值(长按可快速缩短设定时间),设定范围(1.1~6.0),出厂设定值关闭。

(4) 设定定时限时间:打开定时限时间界面,按下【▲】键或【▼】键改变保护器定时限时间设定值(长按可快速缩短设定时间),设定范围(1.0~9.0s),出厂设定值 2.0s。

(5) 设定启动时间:打开启动时间界面,按下【▲】键或【▼】键改变保护器启动时间设定值(长按可快速缩短设定时间),设定范围(1.0~120s),出厂设定值 4s。

(6) 设定自启动时间:打开自启动时间界面,按下【▲】键或【▼】键改变保护器自启动时间设定值(长按可快速缩短设定时间),设定范围(1.0~250s),出厂设定值关闭。

(7) 设定电流不平衡百分比:打开电流不平衡界面,按下【▲】键或【▼】键改变保护器电流不平衡百分比设定值(长按可快速缩短设定时间),设定范围(20%~90%),出厂设定值 40%。

长按【设置】键保护器返回运行模式。

四、电路工作原理

(一) 闭合总电源及参数设置

(1) 闭合总电源【QF1】,交流接触器上端带电;

（2）闭合控制电源【QF2】，控制回路、电动机保护器线圈得电；
（3）设定保护器参数。

（二）保护器启动流程

正常运行时红色数码管显示三相最大电流值，绿色数码管显示电流设定值，按下【▼】键启动，保护器显示启动状态，启动完毕后保护器显示运行状态。

（三）启动与停止

1. 启动

按下启动按钮【SB2】，回路 3→5 闭合，保护器 0→2 常开触点闭合自锁，KM 线圈得电，主回路中 KM 主触头闭合，电动机运行。

2. 停止

按下停止按钮【SB1】，回路 3→4 断开，保护器 0→2 常开触点断开，KM 线圈失电，主回路中 KM 主触头断开，电动机停止运行。

五、保护功能

（一）断相保护

当电源任一相电流为零时，短时间内保护器跳闸，NO→COM 断开，主交流接触器 KM 线圈，主触头断开，电动机停止运行，此时"断相"指示灯亮。

（二）堵转保护

电动机载负荷过重，电动机短路造成电流过大，动作电流大于 1.3 倍额定电流时，保护器立即跳闸，NO→COM 断开，主交流接触器 KM 线圈，主触头断开，电动机停止运行，此时"堵转"指示灯亮。

（三）过载保护

电动机实际电流大于额定电流 1.3 倍，保护器跳闸，NO→COM 断开。过载保护，采用反时限过载保护，主交流接触器 KM 线圈失电，主触头断开，电动机停止运行，此时"过载"指示灯亮。

（四）启动时间过长保护

电动机启动时间到后，电动机三相电流值仍然大于 3 倍额定电流值，保护器立即跳闸，NO→COM 断开，主交流接触器 KM 线圈失电，主触头断开，电动机停止运行，此时"超时"指示灯亮。

（五）三相不平衡保护

三相电流之间，任意两相电流差值达到 10% 以上时，此时保护器采用定时限保护，保护器跳闸，NO→COM 断开，主交流接触器 KM 线圈失电，主触头断开。

（六）欠载保护

电动机运行时，三相电流值均小于 0.7 倍额定电流值，保护器采用定时限报警的方式，保护器跳闸，NO→COM 断开，保护器"欠载"指示灯亮。

电路 11 NJK3-T3 电动机综合保护器抽油机控制电路

六、常见故障与处理

该电路常见故障与处理见表 1-24。

表 1-24 常见故障与处理

故障现象代码	可能原因	解决方法
50.1 EE-1	过载	(1) 查找电流增大原因； (2) 根据电动机额定电流，设定保护器过载动作电流值； (3) 更换电动机
50.1 EE-2	欠载	(1) 重新设置额定电流值； (2) 检查电动机皮带是否断掉，皮带轮是否牢固
50.1 EE-3	不平衡	查找主电路控制电压不平衡的原因
50.1 EE-4	堵转	(1) 检查电动机是否扫镗； (2) 检查轴承是否损坏； (3) 使用电桥测量线圈电阻
50.1 EE-5	其他	(1) 查找主电路控制电压； (2) 查找控制电路控制电压

注：故障时红色数码管显示故障时三相最大电流值并闪烁提示故障，绿色数码管显示错误代码。

电路 12　SBSK 型智能控制与保护装置抽油机控制电路

电路简介

控制与保护电气简称 CPS，作为一种控制与保护的多功能电器，集成了传统的断路器（熔断器）、接触器、过载（或过流、断相）保护继电器、启动器、隔离器等的主要功能，具有远距离自动控制和就地直接手动控制功能，具有面板指示及机电信号报警功能，具有过压欠压保护功能，具有断相缺相保护等功能，根据需要选配功能模块或附件，即可实现对各类电动机负载、配电负载的控制与保护。

一、原理图

SBSK 型智能控制与保护装置抽油机控制电路如图 1-12 所示。

二、电器元件及功能

该电路的电器元件及功能见表 1-25。

表 1-25　电器元件及功能明细表

文字符号	名称	型号	电器元件在该电路中的作用
QS	隔离开关	200A	无电流分断及明显断开点作用
CPS	控制与保护开关	SBSK-75-125A /380/660V	该控制与保护开关具有启动、停止控制及运行过程中的保护功能。开关采用组合式结构，优化组合了空气断路器、电动机保护器、接触器的全部功能。 采用模块化结构，可以通过增加数据采集模块、无线数据传输模块、串行通信模块等实现升级，增加控制器功能。可实现电源的分合控制、电动机的受控启停、电动机运行保护功能

三、控制与保护开关参数设定方法

（一）接通电源

接通电源前，应首先检查装置主要开关状态，接通电源后，闭合【主电源开关】，然后闭合【控制电源开关】，此时键盘面板先显示"0000"（此时如果按下设置键可进入参数设置状态）延时 3s 后，键盘面板显示"00011"，同时运行指示灯亮。

（二）参数及参数设置方法

1. 参数

×××C——电动机额定电流值。

××.×C——电动机轻载电流值。

×××11——自启动延时设置。

电路 12　SBSK 型智能控制与保护装置抽油机控制电路

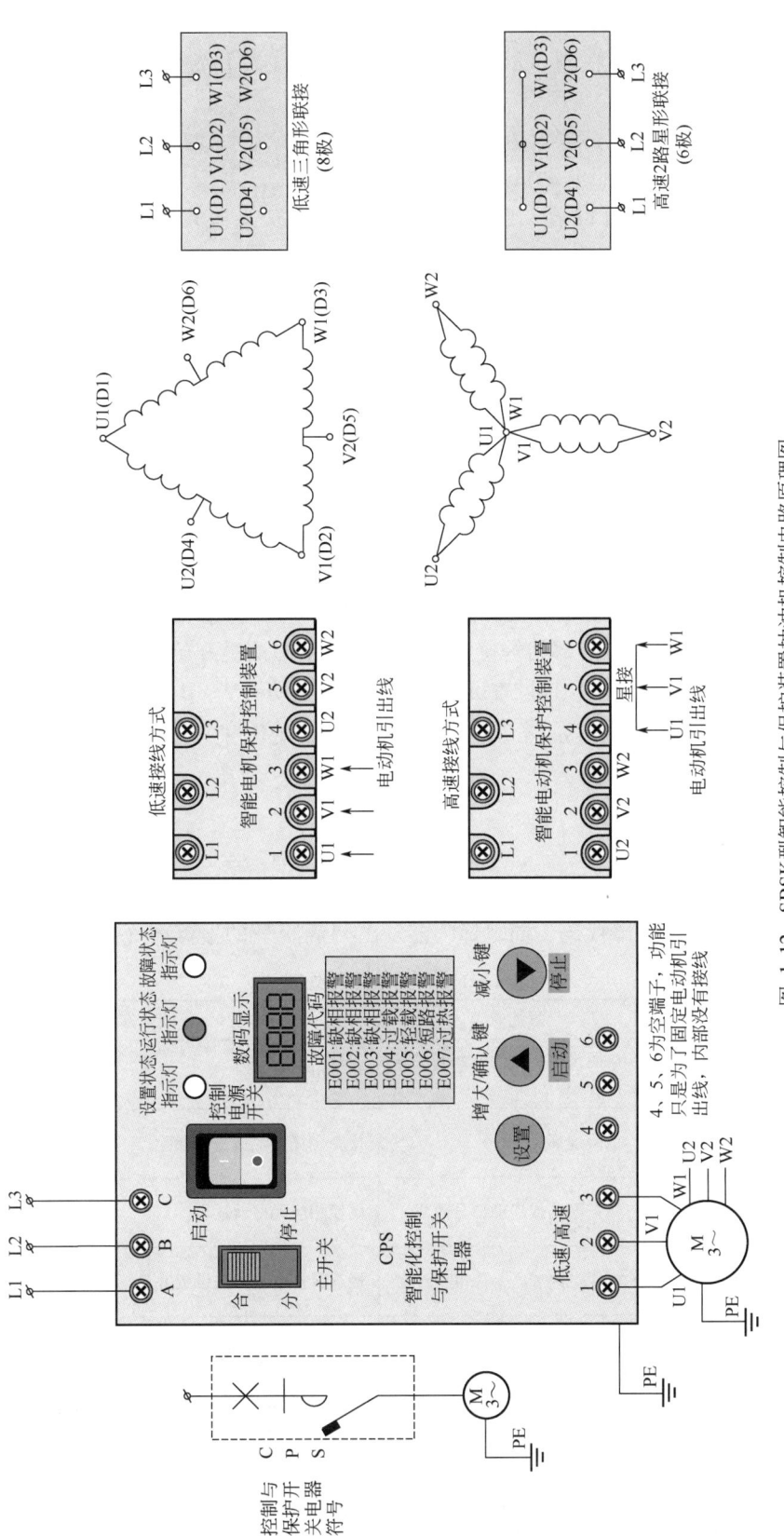

图 1-12　SBSK型智能控制与保护装置抽油机控制电路原理图

2. 参数设置方法

开机初始化的过程中，在刚显示"0000"时，按【设置】键，系统进入设置状态，黄灯闪亮。

数码管上显示"×××C"，数值为电动机额定电流，按启动/增大键，此数值增大，按停止/减小键，数值减小，按照电动机的额定电流设置好后，再按【设置】键，数码管显示××.×C，为电动机轻载电流设置，按启动/增大键，此数值增大，按停止/减小键，数值减小。

当显示00.0C，则为取消轻载设置；再按【设置】键，数码管显示×××11，为电动机延时自启动设置，按启动/增大键，此数值增大，按停止/减小键，数值减小，单位为"s"，显示00011则为取消自启动设置；再按【设置】键，数码管显示"----"，按下启动/增大键（确认键），被修改后的参数将被保存，并进入正常准备状态，数码管显示00011绿灯闪亮。

四、电路工作原理

闭合总电源及控制电源：

（1）启动：设置完毕后按【确认】键（启动/增大键），显示00011后，且运行指示灯亮后，按启动/增大键，保护器内部结构接通电动机供电，抽油机开始运转，数码管显示×××a，代表电动机A相实时工作电流，按设置键可以顺序切换电动机A、B、C三相工作电流。

（2）停止：在运行状态下，按下停止/减小键保护器将断开电动机供电，抽油机停止运行。

五、常见故障与处理

当电动机工作状态出现异常时，装置会在达到保护限值后，停止电动机运行，并在操作面板上数码管上显示的故障代码，同时蜂鸣器发出"滴滴"的报警声（表1-26）。

表1-26 常见故障与处理

	常见故障	可能原因	处理方法
电动机不能启动	整机没显示	电源没电，控制电源开关未闭合	检查电源并处理
	检查电源正常，指示灯不亮	保险烧坏	检查烧坏保险后更换保险
	电源、显示等正常，不能启动空开和电动机	保护电路或启动部分故障	更换相应元件或返厂
电动机自动停机或不能停机	停机后按启动按钮能启动	电源电路或人为停电	检查保护电流参数设置并修正
	保护停机，停机后需要复位后才能启动	过载	检测电动机电流，如超过额定电流，应降低载荷（以上情况保护控制器应显示E004）
		缺相或三相电压不平衡	三相电源不平衡或缺相（保护控制器显示E001—E003）测量三相电压并处理
		三相电压过低	电压过低时保护电路动作，应调整电压
显示故障代码，蜂鸣器响		记忆的上次故障码	消除故障原因，重启控制电源开关复位

电路 12　SBSK 型智能控制与保护装置抽油机控制电路

其代码表如下：

E001：缺相报警；E002：缺相报警；E003：缺相报警；E004：过载报警；E005：轻载报警；E006：短路报警；E007：过热保护。

E001、E002、E003 缺相报警：说明三相电源缺相或者三相电压不平衡，供电线路损坏、高压线路扰动、二次变电、调压设备异常均可引发此故障。发生故障停机后，应立即通知相关人员检修，待故障排除，关闭保护器电源开关，10s 后，重新闭合开关，保护器经初始化后，可以重新启动智能电动机保护控制装置。

E004 过载报警：说明电动机超负荷运转，抽油机不适当调参或机械故障，可引起引起故障，此时应关闭控制器，对抽油机进行全面检修，确认电动机过负荷运转的原因，排除后，关闭保护器电源开关，10s 后，重新打开关，保护器经初始化后，可以重新启动智能电动机保护控制装置。

E005 轻载报警：皮带打滑或皮带断或抽油杆断等会引发此报警，应检查皮带或抽油杆情况，排除问题后，关闭保护器电源开关，10s 后，重新打开关，保护器经初始化后，可以重新启动智能电动机保护控制装置。

E006 短路报警：装置下部电源短路、电动机线线路短路、严重或供电线路瞬间扰动均可引起些报警，应彻底排查控制箱内电源系统、电动机是否存在短路等故障，排除问题后，关闭保护器电源开关，10s 后，重新打开关，保护器经初始化后，可以重新启动智能电动机保护控制装置。

E007 过热保护：抽油机电动机温度过高会触发过热保护，检查电动机工作电流，电动机表面温度等，确认引起电动机发热的原因，如果温度开关故障出现此报警，可暂时将温控开关摒除。关闭保护器电源开关，10s 后，重新打开关，保护器经初始化后，可以重新启动智能电动机保护控制装置。

在故障停机状态下按【启动】键，不能启动电动机。此时可根据 LED 灯的显示非常方便地排除故障。当故障排除后，按【停止】键、【复位】键或重新合闸送电，就可以进行正常的启停机操作了。

第一章　抽油机井常见控制电路

电路 13　CHNT-NXP 综合配电箱抽油机控制电路

电路简介

该电路具备过载、断相三相电流不平衡保护和电源停电后恢复来电报警、自启动及电容器延时自投的功能。综合保护器采用双排 LED 显示，上排 LED 显示运行电流，下排 LED 显示设置电流，指示灯运行状态和故障状态。具有过载定时限保护（可关闭）、过载反时限保护、断相、三相不平衡等保护功能。面板带启动、停止按键，也可以通过接线端子连接外接启动、停止按钮控制。

一、原理图

CHNT-NXP 综合配电箱抽油机控制电路如图 1-13 所示。

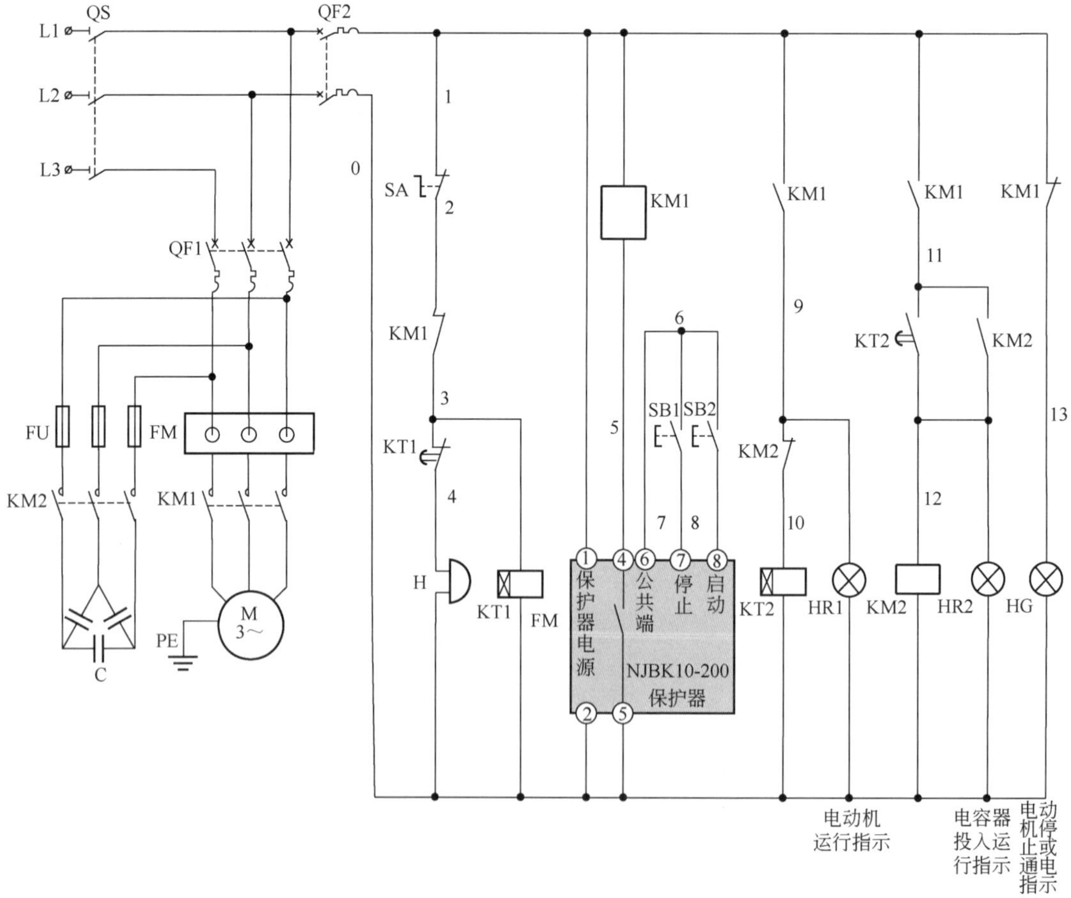

图 1-13　CHNT-NXP 综合配电箱抽油机控制电路原理图

电路 13　CHNT-NXP 综合配电箱抽油机控制电路

二、电器元件及功能

该电路的电器元件及功能见表 1-27。

表 1-27　电器元件及功能明细表

符号	配件名称	型号规格	数量	电器元件在该电路中的作用
QF1	塑壳断路器	NM1-100H/33002 100A	1	主回路电源开关，在电路中起控制兼保护作用
KM1	交流接触器	CJ40-125-33AC380V	1	用于远距离自动接通或断开电动机三相电源
FM	电动机保护器	NJBK10-200/20-200A/AC380V	1	电动机运行保护
FU	熔断器	RT28-32/32A	3	电容器回路短路保护
KM2	交流接触器	CJ19-32-11 AC380V	1	接通或断开电容器回路
C	电容器	BZMJ0.45-15-3	1	无功补偿
QF2	小型断路器	DZ47-60/2P C4A	1	辅助电路电源开关，在电路中器控制兼保护作用
SB1	按钮	NP2-EA41 红	1	断开运行回路作用
SB2	按钮	NP2-EA31 绿	1	接通运行回路作用
HR1	运行指示灯	ND16-22D/4 AC380 红	1	电动机运行指示
HR2	电容投入指示灯	ND16-22D/4 AC380 红	1	电容器投入运行指示
HG	停止指示灯	ND16-22D/4 AC380 绿	1	电动机停止指示或通电指示
KT1/KT2	时间继电器	JS14A-60/00 AC380V	2	KT1 来电报警延时，KT2 电容自投延时
SA	转换开关	NP2-ED21 黑	1	接通或断开来电报警电路
H	蜂鸣器		1	声音报警

三、保护器参数设定方法

（1）运行模式下按【设置键】3 秒进入设定模式，设定模式下按【设置】键 3 秒钟返回运行模式。

（2）进入设定模式，首先是电流设定，保护器显示 ［A 050］，按【▲、▼】键改变电流值，长按可快速加减。设置范围 20~200A，出厂设定值 50A。

（3）按【设置】键进入脱扣等级设定，保护器显示 ［yr 2］，按【▲、▼】键改变脱扣等级，内置 5 条曲线。设定范围 1~5，出厂设定值 2。

（4）按【设置】键进入定时限设定，保护器显示 ［ds OFF］，按【▲、▼】键打开定时限，保护器显示【ds 1.1】，按【▲、▼】键改变定时限倍率，长按可快速加减。设定范围 1.1~6.0，出厂设定值关闭。

（5）定时限打开时按【设置】键进入定时限时间设定，保护器显示 ［ds.t 2.0］，按【▲、▼】键改变定时限时间，长按可快速加减。设定范围 1.0~9.0s，出厂设定值 2.0s。

（6）定时限关闭时按【设置】键进入启动时间设定，保护器显示 ［qd.t 004］，按【▲、▼】键改变启动时间，长按可快速加减。设定范围 2~120s，出厂设定值 4s。

(7)按【设置】键进入自启动时间设定,保护器显示【aqd.t OFF】,按【▲、▼】键打开自启,保护器显示［Aqd.t 001］,按【▲、▼】键改变自启动时间,长按可快速加减。设定范围1~250s,出厂设定值关闭。

(8)按【设置】键进入电流不平衡设定,保护器显示［pb 40］,按【▲、▼】键改变电流不平衡度,长按可快速加减。设定范围20%~90%,出厂设定值40%。

(9)设置完成后返回运行模式。

四、电路工作原理

(一)闭合总电源

(1)闭合断路器【QF1】和【QF2】后的电路动作过程,电动机综合保护器FM经内部端子①—②号线得电工作。

(2)来电报警回路转换开关【SA】在断开位置则蜂鸣器不响。如果【SA】在闭合位置,回路经1→2→3→4→0号线闭合,蜂鸣器得电报警。同时回路经1→2→3→0号线闭合,KT1线圈得电动作。KT1的延时断开触点经延时时间断开,来电报警回路断开,蜂鸣器停止报警。

(3)指示电路经1→13→0号线闭合,停止指示灯HG得电亮。

(二)电路的启动与停止

1. 启动

(1)按下启动按钮【SB2】,回路经1→5→FM内部继电器接点④-⑤→0闭合,KM1线圈得电。KM1主触头闭合,电动机运行。

(2)同时KM1常闭触点2→3断开,KT1线圈失电,其延时触点复位,为下次来电报警做准备。

(3)KM1常闭触点1→13断开,停止指示灯HG失电熄灭。

(4)KM1常开触点1→9和1→11闭合,回路经1→9→10→0号线闭合,KT2线圈得电,回路经1→9→0号线闭合,运行指示灯HR1得电发光。

(5)KT2延时闭合瞬时断开常开触点经延时时间闭合,回路经1→12→13→0号线闭合,KM2线圈得电。KM2主触头闭合电容器投入运行。

(6)KM2常开触点11→12闭合实现自锁。KM2常闭触点9→10断开,KT2退出运行,其延时触点复位,为下次电容器自投做准备。回路经1→11→12→0号线闭合,指示灯HR2得电亮。

2. 停止

(1)人为停机应先将转换开关【SA】断开,启动后再将转换开关【SA】闭合。按下停止按钮【SB1】,KM1线圈经FM内部继电器接点④、⑤开路失电,KM1主触头断开,电动机停止运行。

(2)KM1的常开触点1→11复位断开,KM2线圈失电,主触头断开,电容器停止工作。KM2常开触点断开,解除自锁。同时电容器投入指示灯HR2失电熄灭。

(3)KM1常开触点1→9复位断开,运行指示灯HR1失电熄灭。KM1常闭触点1→13复位闭合,停止指示灯HG得电。KM1常闭触点2→3复位闭合,为电源停电后恢复来电报警做准备。

电路 13　CHNT-NXP 综合配电箱抽油机控制电路

3. 自启动功能

可以打开自启动功能并设定自启动延时，断电后恢复来电或复位后保护器将根据设定的自启动延时自动启动。

五、保护功能

（1）当电动机发生短路、过载、断相、过压、欠压故障时电动机综合保护器常开触点④—⑤断开，KM1 线圈失电，KM1 主触头断开，电动机停止运行。

（2）当设备发生突发事故时，断开断路器【QF2】，控制回路断开，整个控制电路失电，电动机停止运行。

六、常见故障与处理

故障记忆及其指示，电动机发生故障时，上排数码管显示故障时三相电流最大值并闪烁提示故障，下排数码管显示故障代码（表 1-28）。该电路常见故障与处理见表 1-29。

表 1-28　故障代码表

故障显示	50.1EE—1	50.1EE—2	50.1EE—3	50.1EE—4
故障类型	反时限过载	定时限过载	断相	不平衡

表 1-29　常见故障与处理

常见故障	可能原因	处理方法
按下启动按钮 SB2，电动机不能启动	（1）主回路无电； （2）控制回路 FU1 熔断丝断开； （3）启动按钮内触点接触不良； （4）交流接触器 KM 线圈损坏； （5）保护器损坏； （6）电动机损坏； （7）接线错误； （8）控制回路导线接触不良或导线断路； （9）主回路导线接触不良或导线断路	（1）检查三相电压是否正常； （2）更换熔断丝； （3）修复触点或更换按钮； （4）更换交流接触器 KM 线圈； （5）更换保护器； （6）更换电动机； （7）检查接线是否正确； （8）检查控制回路导线有无虚接、断路； （9）检查主回路导线有无虚接、断路
按下停止按钮 SB1，电动机不能停止	（1）停止按钮内触点粘连； （2）交流接触器 KM 或辅助触头粘连； （3）保护器损坏	（1）修复触点或更换按钮； （2）更换交流接触器主触头、辅助触头或更换交流接触器； （3）更换保护器
保护器显示"反时限过载"	（1）短路电流； （2）电动机损坏	（1）查找短路电流； （2）更换电动机
保护器显示"定时限过载"	（1）电流增大； （2）保护器电流值设定过小； （3）电动机损坏	（1）查找电流增大原因； （2）根据电动机额定电流，设定保护器过载动作电流值； （3）更换电动机
保护器显示"断相"	（1）电源缺相； （2）交流接触器主触头故障； （3）电动机损坏	（1）检查电源电压是否正常； （2）更换交流接触器； （3）更换电动机
保护器显示"不平衡"	（1）主电路来电压"不平衡"； （2）所带负载"不平衡"	（1）检查主电路控制电压； （2）使用电桥测量线圈电阻

电路 14　LHVF-1 抽油机智能变频调速装置控制电路

电路简介

该电路通过转换开关切换实现工频/变频运行；通过面板电位器调节频率改变电动机转速，从而调节抽油机冲次，实现方便调参功能，并且带有外置制动功能。电路有工频/变频两套各自独立保护功能：变频保护通过变频器故障输出端子监测报警输出；工频保护通过电动机综合保护器检测设备运行的平稳性，对电动机实现断相保护、过载保护、过压保护、欠压保护功能。

一、原理图

LHVF-1 抽油机智能变频调速装置控制电路如图 1-14。

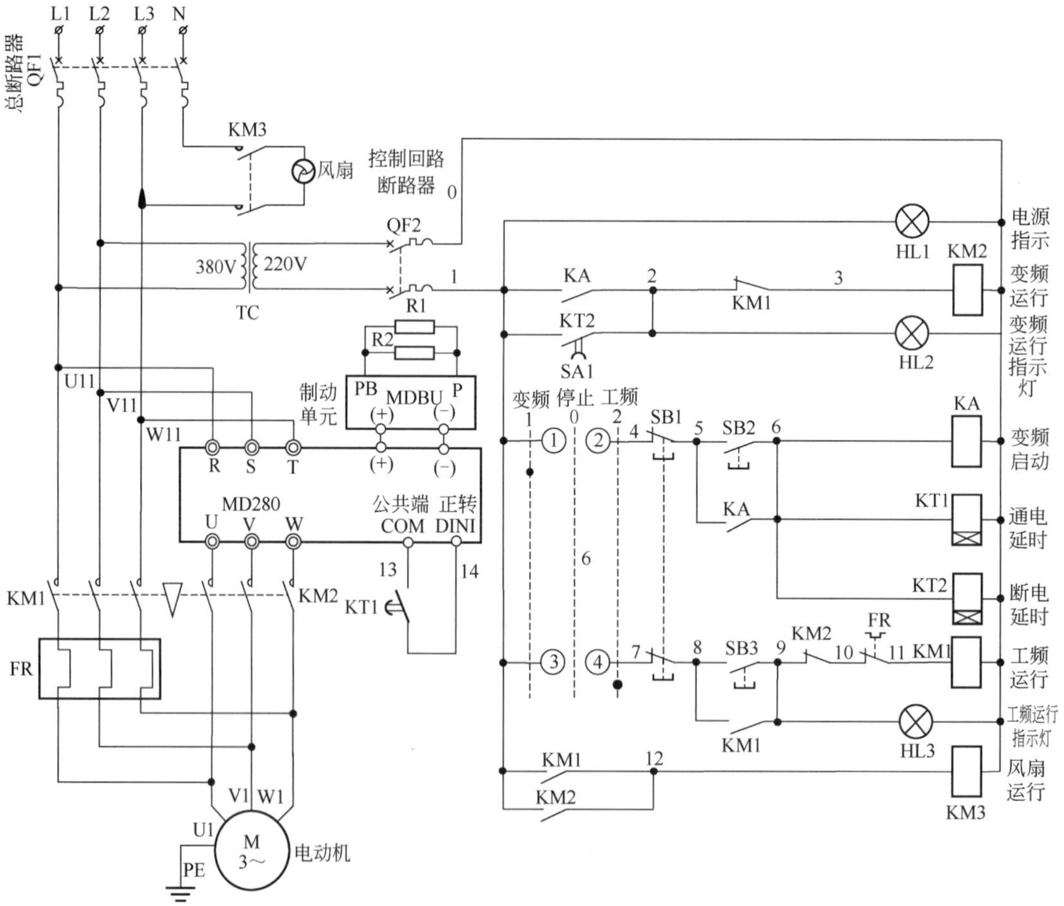

图 1-14　LHVF-1 抽油机智能变频调速装置控制电路原理图

电路 14　LHVF-1 抽油机智能变频调速装置控制电路

二、电器元件及功能

该电路的电器元件及功能见表 1-30。

表 1-30　电器元件及功能明细表

文字符号	名称	型号	电器元件在电路中的作用
VFD	变频器	汇川 MD280NT37G/45P	在电路中起降低启动电流，改变电动机转速，实现电动机无级调速，在低于额定转速时有节电功能
QF1	断路器	LZMB1-A160	电源总开关，在主电路中起控制兼保护作用
QF2	断路器	PL9-C20/2 2P	控制回路开关，在电路中起控制兼保护作用
KM1	交流接触器	M095FC	工频运行接触器，控制电动机工频启动与停止作用
KM2	交流接触器	M095FC	变频运行接触器，控制电动机变频启动与停止作用
KA	中间继电器	M012B	变频辅助继电器
FR	热继电器	ZB150C	电动机过载保护
KT1	时间继电器	ETR-11-A	启动延时给变频器运行信号
KT2	时间继电器	ETR-60-A	停止延时断开变频接触器线圈
SB3	按钮	A22-EK10（绿色）	工频启动按钮
SB2	按钮	A22-EK10（绿色）	变频启动按钮
SB1	按钮	A22-EK01（红色）	停止按钮
SA	转换开关	A22-EK10	工频/变频功能转换
HL1	指示灯	A22-EFR	电源指示灯
HL2	指示灯	接 SB2 内灯珠	变频运行指示灯
HL3	指示灯	接 SB3 内灯珠	工频运行指示灯
MDBU	变频器制动单元	MDBU-35-B	变频运行时能耗制元件
TC	控制变压器	JBK3-160KVA	控制回路电源变压器
KM3	交流接触器	CJX1-9	散热风扇接触器
F1	风扇	F2E-120S-230	强制散热风扇

三、变频器参数设置

变频器参数设置见表 1-31。

表 1-31　变频器参数表

功能	功能代码	设定数据	设定值含义说明
参数初始化	FP-01	0	0：无操作； 1：恢复出厂值； 2：清除记录信息
命令源选择	F0-00	1	0：操作面板命令通道（LED 灭）； 1：端子命令通道（LED 亮）； 2：串行口通信命令通道（LED 闪烁）

第一章 抽油机井常见控制电路

续表

功能	功能代码	设定数据	设定值含义说明
频率源选择	F0-01	0	0：数字设定（UP、DOWN调节）； 1：AI1； 2：AI2； 3：PULSE脉冲设定（DI5）
数值设定频率记忆选择	F0-02	0	0：不记忆； 1：掉电记忆； 2：停机记忆； 3：停机、掉电均记忆
预置频率	F0-03	50.00Hz	0.00Hz~最大频率（F0-04）
最大频率	F0-04	50.00Hz	50.00~630.00Hz
上限频率源	F0-05	0	0：数值设定（F0-06）； 1：AI1； 2：AI2； 3：PULSE脉冲设定（DI5）
上限频率数值设定	F0-06	50.00Hz	下限频率（F0-07）~最大频率（F0-04）
下限频率数值设定	F0-07	0.00Hz	0.00Hz~上限频率（F0-06）
加减速时间的单位	F0-08	0	0：s（秒）；1：min（分）
加速时间1	F0-09	机型确定	0.00s（min）~300.00s（min）
减速时间1	F0-10	机型确定	0.00s（min）~300.00s（min）
运行方向	F0-12	0	0：方向一致；1：方向相反
加减速时间基准频率	F0-13	0	0：最大频率；1：设定频率
运行时频率UP/DOWN基准	F0-14	0	0：运行频率；1：设定频率
DI1-DI4端子功能选择	F2-00 至F2-04	1	0：无功能； 1：正转运行（FWD）； 2：反转运行（REV）； 3：三线式运行控制； 4：正转点动（FJOG）； 5：反转点动（RJOG）； 6：端子UP； 7：端子DOWN； 8：自由停车； 9：故障复位（RESET）
加减速方式	F4-07	0	0：直线加减速； 1：S曲线加减A； 2：S曲线加减速B
停机方式	F4-10	0	0：减速停机；1：自由停机
电动机过载保护选择	FB-00	1	0：无电动机过载保护功能，建议此时电动机前加热继电器 1：此时变频器对电动机有过载保护功能
电动机过载保护增益	FB-01	1.00	0.20~10.00
电动机过载预警系数	FB-02	80%	50%~100%
过压失速增益	FB-03	0	0~100
过压失速保护电压	FB-04	130%	120%~150%
过流失速增益	FB-05	20	0~100
过电流失速保护电流	FB-06	150%	100%~200%

电路 14　LHVF-1 抽油机智能变频调速装置控制电路

续表

功能	功能代码	设定数据	设定值含义说明
上电对地短路保护功能	FB-07	1	0：无效；1：有效
掉载保护功能	FB-08	0	0：无效；1：有效 如果该功能有效，则当变频器掉载后，变频器输出频率为电动机额定频率的7%；如果负载恢复，则按设定频率运行
瞬停不停功能选择	FB-09	0	0：无效；1：有效
瞬停不停频率下降率	FB-10	10.00Hz/s	0.00Hz/s～最大频率（F0-04）
瞬停不停电压回升判断时间	FB-11	0.50s	0.00～100.00s
瞬停不停动作判断电压	FB-12	80.0%	60.0%～100.0%
故障自动复位次数	FB-13	0	0～10
故障自动复位期间故障继电器动作选择	FB-14	0	0：不动作；1：动作 在自动复位期间，选择故障输出端子是否输出故障报警信号
故障自动复位间隔时间	FB-15	1.0s	0.1～60.0s 变频器从故障报警，到自动复位故障之间的等待时间
故障自动复位次数清除时间	FB-16	0.1h	0.1～1000.0h 当变频器正常运行该时间而无故障时，则将已经自动复位的故障次数清零
输入缺相保护选择	FB-17	1	0：无效；1：有效
输出缺相保护选择	FB-18	1	0：无效；1：有效
停机直流制动起始频率	F4-11	30	6：停机直流制动起始频率为30Hz
停机直流制动等待时间	F4-12	5	2：停机直流制动等待时间为5s
停机直流制动电流	F4-13	20	20：停机直流制动电流为20% 按电动机的额定电流百分比设置
停机直流制动时间	F4-14	2	2：停机直流制动时间为2s

四、电路工作原理

（一）闭合总电源及参数设置

闭合总电源【QF1】，变频器输入端 R、S、T 上电，根据参数表设置变频器参数；闭合控制电源【QF2】，经控制变压器 TC 提供控制回路 220V 电源，HL1 电源指示灯亮。

（二）工频启动与停止

1. 工频启动

将工频/变频转换开关【SA】转至工频位置，端子③—④接通。

按下工频启动按钮【SB3】，回路经 1→7→8→9→10→11→0 闭合，KM1 线圈得电，回路 8→9 线间 KM1 常开触点闭合自锁，控制回路中 2→3 线间 KM1 常闭触点断开，断开变频控制回路，与 KM2 接触器实现机械联锁。同时主回路中 KM1 主触头闭合，电动机工频运行。

回路 1→12 线间 KM1 常开触点闭合，KM3 线圈得电，强制风机运行，工频运行指示灯 HL2 亮。

2. 工频停止

按下停止按钮【SB1】，回路 7→8 断开，KM1 线圈失电，回路 8→9 线间 KM1 常开触点断开，回路 2→3 线间 KM1 常闭触点复位，回路 1→12 线间 KM1 常开触点断开，KM3 线圈失电，强制风机停止，同时 KM1 主触头断开，电动机停止运行，工频运行指示灯 HL2 熄灭。

（三）变频启动与停止

1. 变频启动

将工频/变频转换开关【SA】转至变频位置，端子①—②接通。

按下启动按钮【SB2】，回路经 1→4→5→6→0 闭合，KA、KT1、KT2 线圈得电，回路 5→6 线间中间继电器 KA 常开触点闭合自锁，回路 1→2 线中间继电器 KA 常开触点闭合，经回路 1→2→3→0 闭合，变频接触器 KM2 线圈得电，主触头闭合，电动机运行。同时回路 1→12 线间 KM2 常开触点闭合，风扇接触器 KM3 线圈得电，强制散热风扇运行，同时回路 9→10 线间 KM2 常闭触点断开，与 KM1 接触器实现机械联锁。

当时间继电器 1 延时时间到达后，回路 13→14 线间 KT1 延时闭合常开触点短接变频器输入端子［DINI］与公共端端子［COM］，变频器正转输出，操作面板【正转】、【RUN】指示灯亮，频率数值由电位器给定，同时回路 1→2 线间时间继电器 KT2 延时断开瞬时闭合触点闭合，变频运行指示灯 HL2 亮。

频率设定：该变频器调速控制采用面板电位器调速，顺时针旋转电位器钮，频率上升，电动机加速；逆时针旋转电位器钮，频率下降，电动机减速，频率数值在面板七段数码管上显示。

2. 变频停止

按下停止按钮【SB1】，回路 4→5 断开，中间继电器 KA、时间继电器 KT1、KT2 线圈失电，回路 13→14 线间时间继电器 KT1 延时闭合瞬时断开触点断开，变频器［DINI］端子与［COM］端子断开，操作面板【正转】、【RUN】指示灯熄灭，【STOP】指示灯亮，频率数值开始下降，电动机转速下降，经变频器［PB］与［P］端子之间接入外置直流制动单元，变频器开始直流制动，实现电动机快速停止。

回路中 5→6 线间 KA 的常开触点断开，回路 1→2 线间中间继电器 KA 常开触点断开，时间继电器 KT2 断电延时，延时断开触点保持，变频运行指示灯 HL2 保持，回路经 2→3 线间工频接触器 KM1 常闭触点变频接触器 KM2 线圈保持，KM2 主触头保持变器输出端子与电动机输出端子的连接，时间继电器 2 延时时间到达后，回路 1→2 线间 KT2 瞬时闭合延时断开触点断开，变频接触器 KM2 线圈失电，KM2 主触头断开，变频器与电动机断开连接，回路 1→12 线间 KM2 常开触点断开，KM3 线圈失电，强制散热风扇停止，变频运行指示灯 HL3 灭。

五、保护功能

（一）工频运行状态

热继电器 FR 为电动机的过载保护，当电动机发生过载，达到热继电器的整定值并积累一定时间后，控制回路 10→11 线间热继电器辅助常闭触点断开，KM1 线圈失电，主回路 KM1 主触头断开，电动机停止运行。

QF1 为电动机的短路、欠压和过流保护。控制回路中，主要依靠 QF2 来实现短路及过载保护。

电路 14 LHVF-1 抽油机智能变频调速装置控制电路

（二）变频运行状态

电源发生缺相、欠压，电动机发生短路、过载及变频器内部发生过热、过流等故障，变频器自动切断变频器输出，并报相关故障码，显示在数码屏上，电动机停止运行。

QF1 为主电路的短路、欠压和过流保护。控制回路中，主要依靠 QF2 来实现短路及过载保护。

六、常见故障与处理

该电路常见故障与处理见表 1-32。

表 1-32 常见故障与处理

故障现象	原因	检查处理
工频、变频都不启动	电源	电源是否缺相
	控制回路故障	控制回路电源
		启/停按钮故障更换
		工频/变频转换开关
工频不启，变频正常	工频控制回路故障	工频/变频转换开关
		电动机保护器
		工频交流接触器
		变频交流接触器常闭触点
变频不启，工频正常	参数设置不正确	检查参数设置
	变频控制回路	工频/变频转换开关
		KA 中间继电器
		变频交流接触器
		工频交流接触器常闭触点
	变频器坏	维修或更换
液晶面板没有显示	变频器到液晶面板连接线掉线	检查变频器到液晶面板连接线
	检查变频器到液晶面板连接线	更换液晶面板
电位器无法调节冲次	模式选择	运行模式是否在"0"模式
运行欠压	输入电压异常或运行时掉电	查看输入电源或接线
	有重负载冲击	查看负载、有可能过载或不平衡
	输入缺相	查看电源电压
	输出缺相	检出接触器与主接线拧接是否牢固
	变频器充电接触器损坏或插件松动	查看内部接触器及插件
过载、过流	电动机绝缘或相间短路	用摇表测量相间绝缘查看是否有短接现象
	查看机械连动	查看是否机械连接脱扣松动
	查看配重平衡	调节平衡
	查看过载参数设置是否正确	变频器电动机保护器设置
	负载工况	有可能瞬间负载过重，需要洗井

电路 15　LP75KW 抽油机组合式拖动装置控制电路

电路简介

该电路采用连续运转的方式，控制电动机高/低速的启动、停止，通过电流互感器、电流继电器、时间继电器配合使用，对电动机实现过载保护功能。

一、原理图

LP75KW 抽油机组合式拖动装置控制电路如图 1-15 所示。

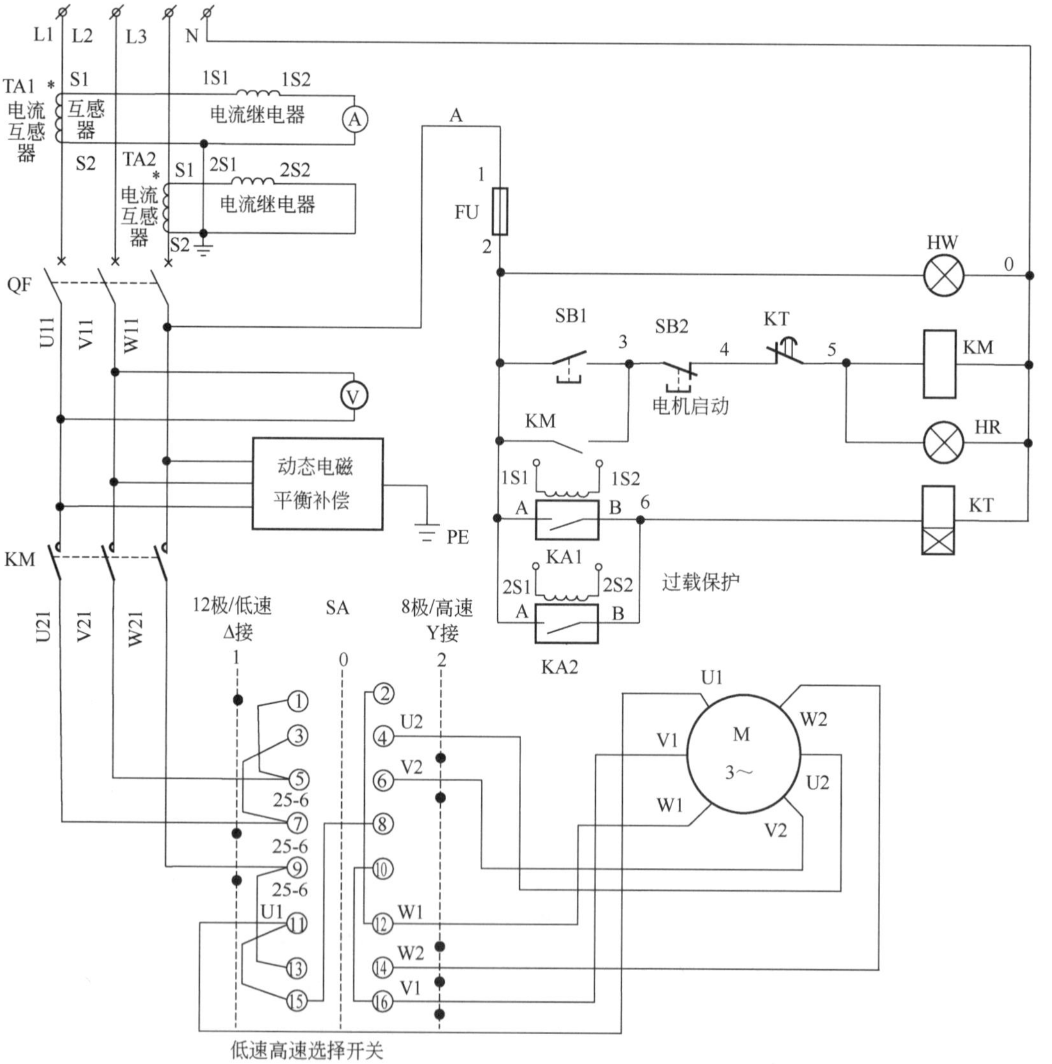

图 1-15　LP75KW 抽油机组合式拖动装置控制电路原理图

电路 15　LP75KW 抽油机组合式拖动装置控制电路

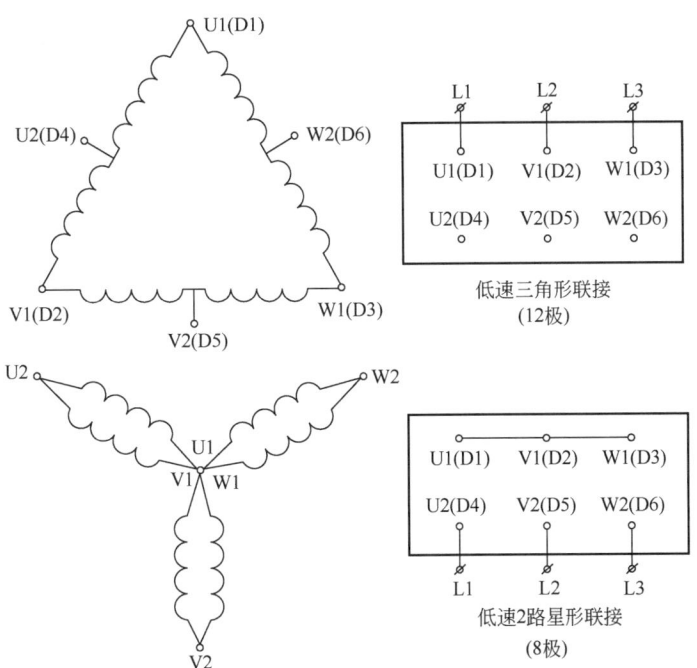

图 1-15　LP75KW 抽油机组合式拖动装置控制电路原理图（续）

转换开关"△"接与"Y"接关系是：

"△"接：U11→7→8→15→11→U1 接通 A 相电源，V11→9→10→16→V1 接通 B 相电源，W11→5→1→2→12→W1 接通 C 相电源。

"Y"接：U11→7→3→4→U2 接通 A 相电源，V11→9→13→14→V2 接通 B 相电源，W11→5→6→W2 接通 C 相电源。

星点：11→12→15→16 接通星点。

转换开关上的短接线（连接片）由厂家预装，无须另外安装。

二、电器元件及功能

该电路的电器元件及功能见表 1-33。

表 1-33　电器元件及功能明细表

文字符号	名称	型号	电器元件在该电路中的作用
QF	断路器	CDM1-225L/3300	在主电路中起控制兼保护作用
KM	交流接触器	PTMC2-160	其主触头接通或分断电动机的主电路，并且利用其辅助触头实现逻辑控制关系
KT	时间继电器	JSZ6-2 HY3-2	当电动机过载时，时间继电器动作，延时断开控制回路，电动机停止运行
C	并联电容器	BSMJSO.4-25-3	补偿无功功率
SA	速度转换开关	LW-26-160	改变电动机绕组接法，实现双速运行功能
FU	熔断器	RT18-32X 32A	在控制回路中主要起短路保护作用，用于保护线路及电器元件

续表

文字符号	名称	型号	电器元件在该电路中的作用
PA	电流表	6L2 表头	显示运行电流
PV	电压表	6L2 表头	显示电源电压
M	双速双功率电动机	SD/YCHD225-12/8	提供两种功率，实现电动机高速、低速运行，带动抽油机运行，8 极为"2Y"接，12 极为"△"接
SB1	按钮	绿色 LAY8	在电路中起接通运行回路作用
SB2	按钮	红色 LAY8	在电路中起断开运行回路作用
HW	指示灯	红色 LD11-22B	电源指示
HR	指示灯	绿色 LD11-22B	运行指示
TA1	电流互感器	LMK（BH）-0.66φ30 200/5	监测 L1 相运行电流
TA2	电流互感器	LMK（BH）-0.66φ30 200/5	监测 L3 相运行电流
KA1	电流继电器		当电动机过流，达到电流继电器的整定值时，衔铁吸合，常开辅助触头闭合，接通过载保护回路
KA2	电流继电器		当电动机过流，达到电流继电器的整定值时，衔铁吸合，常开辅助触头闭合，接通过载保护回路
	动态电磁平衡补偿器		通过调整供电电压，降低不必要的损耗，达到节能节电目的

三、电路工作原理

（一）闭合总电源

闭合总电源【QF】，电源指示灯 HW 亮，电压表 PV 显示电源电压。主电路交流接触器 KM 输入端得电，控制回路得电。

（二）电动机手动运行及停止

1. 电动机低速 12 极运行

将速度转换开关拨至"1"挡（低速）位置，电动机绕组 U1、1V、W1 接入主电路（1 路"△"接）。按下启动按钮【SB1】，回路经 1→2→3→4→5→0 闭合，交流接触器 KM 线圈得电，主触头吸合，电动机低速运行。2→3 线号间 KM 的常开辅助触头闭合自锁；同时，电动机运行指示灯 HR 亮。

按下停止按钮【SB2】，回路 3→4 断开，交流接触器 KM 线圈失电，主触头断开，电动机停止运行，2→3 线号间 KM 的常开辅助触点断开，电动机运行指示灯 HR 熄灭。同时，断开总电源【QF】，以免误操作。

2. 电动机高速 8 极运行

将速度转换开关拨至"2"挡（高速）位置，电动机绕组 U2、V2、W2 接入主电路（2 路 Y 接）。按下启动按钮【SB1】，回路经 1→2→3→4→5→0 闭合，交流接触器 KM 线圈得电，主触头吸合，电动机高速运行。2→3 线号间 KM 的常开辅助触点闭合自锁；同时，电动机运行指示灯 HR 亮。

按下停止按钮【SB2】，回路经 3→4 断开，交流接触器 KM 线圈失电，主触头断开，电

电路 15　LP75KW 抽油机组合式拖动装置控制电路

动机停止运行，2→3 线号间 KM 的常开辅助触点断开，电动机运行指示灯 HR 熄灭。同时，断开总电源【QF】，以免误操作。

四、保护功能

电动机发生过载故障后，电流互感器 TA1 或 TA2 线圈电流增加，2→6 线号间的常开辅助触点闭合，回路经 1→2→6→0 闭合，时间继电器 KT 线圈得电，4→5 线号间的 KT 常闭辅助触头延时断开，主电路交流接触器 KM 线圈失电，主触头断开，电动机停止运行，2→3 线号间 KM 的常开辅助触头断开，电动机运行指示灯 HR 熄灭。

五、常见故障与处理

该电路常见故障与处理见表 1-34。

表 1-34　常见故障与处理

常见故障	原因	处理方法
按下启动按钮【SB1】，电动机高速不能启动	(1) 主回路无电； (2) 控制回路 FU 熔断丝断开； (3) 启动按钮内触点接触不良； (4) 交流接触器 KM 线圈损坏； (5) 电动机损坏； (6) 速度转换开关损坏	(1) 检查三相电压是否正常； (2) 更换熔断丝； (3) 修复触点或更换按钮； (4) 更换交流接触器 KM 线圈或更换交流接触器； (5) 更换电动机； (6) 更换速度转换开关
按下启动按钮【SB1】，电动机低速不能启动	(1) 主回路无电； (2) 控制回路 FU 熔断丝断开； (3) 启动按钮内触点接触不良； (4) 交流接触器 KM 线圈损坏； (5) 电动机损坏； (6) 速度转换开关损坏	(1) 检查三相电压是否正常； (2) 更换熔断丝； (3) 修复触点或更换按钮； (4) 更换交流接触器 KM 线圈或更换交流接触器； (5) 更换电动机； (6) 更换速度转换开关
按下停止按钮【SB2】，电动机不能停止	(1) 停止按钮内触点粘死； (2) 交流接触器 KM 主触头粘死	(1) 修复触点或更换按钮； (2) 更换交流接触器主触头或更换交流接触器
当发生过载故障时，电动机不能停止	(1) 时间继电器延时断开触头损坏； (2) 时间继电器线圈损坏； (3) 电流互感器损坏	(1) 更换时间继电器； (2) 更换时间继电器； (3) 更换电流互感器
过载故障停机	(1) 电流增大； (2) 电源缺相； (3) 电动机损坏	(1) 查找电流增大原因； (2) 检查三相电压是否正常； (3) 更换电动机

电路 16　SFCP-OIL-22 抽油机多功能调速控制配电箱

电路简介

该电路通过转换开关实现工频/变频运行；通过面板电位器调节频率改变电动机转速，从而调节抽油机冲次，实现方便调参功能。电路有工频/变频两套各自独立保护：变频保护是通过变频器故障输出端子监测报警输出；工频保护通过电动机综合保护器检测设备运行的平稳性，对电动机实现断相保护、过载保护、过压保护、欠压保护功能。电路中的滤波器能有效滤除在调速过程中产生的谐波，减少对周边设备的干扰。

一、原理图

SFCP-OIL-22 抽油机多功能调速控制配电箱控制电路如图 1-16 所示。

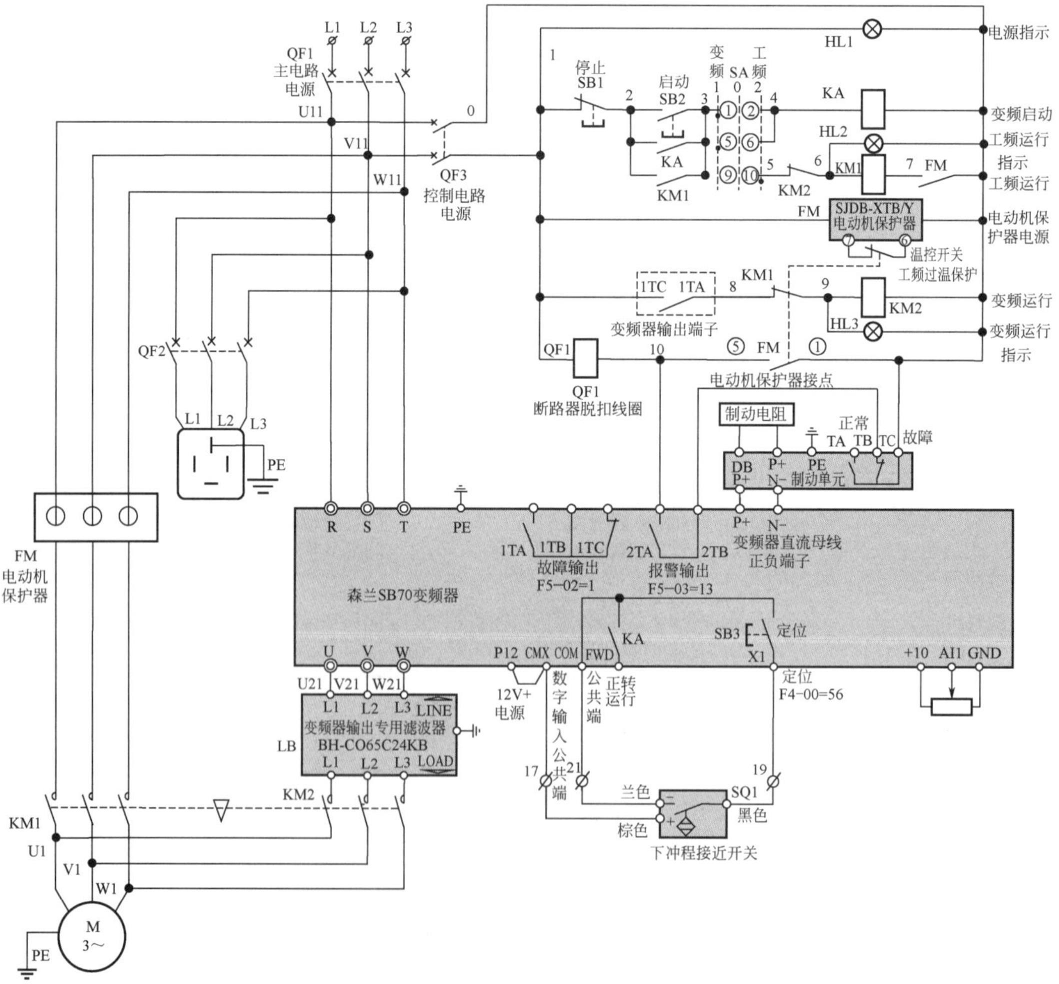

图 1-16　抽油机多功能调速控制配电箱电路

电路 16 SFCP-OIL-22 抽油机多功能调速控制配电箱

二、电器元件及功能

该电路的电器元件及功能见表 1-35。

表 1-35 电器元件及功能明细表

文字符号	名称	型号	电器元件在该电路中的作用
VFD	变频器	森兰 SB70G45T4	在电路中起降低启动电流，接受智能监控工作指令并执行，实现节能、软启、软停、电动机转速调整和无级调整冲次的功能
RBE	制动单元	SZ20G	与制动电阻配合，用来吸收电动机制动时的再生电能，防止变频器过压
QF1	断路器	NM1-250H/3	电源总开关，在主电路中起控制兼保护作用
QF2	断路器	DZ47-60	控制三相电源插座控制开关
QF3	断路器	DZ47-60	控制回路开关，在电路中起控制兼保护作用
KM1	交流接触器	NC2-115	工频运行接触器，控制电动机工频启动与停止作用，与变频输出接触器 KM2 内装有机械联锁模块，以实现机械联锁
KM2	交流接触器	NC2-115	变频运行接触器，控制电动机变频启动与停止作用，与工频输出接触器 KM1 内装有机械联锁模块，以实现机械联锁
KA	中间继电器	JZC4-22	控制变频器输出的启动与停止
FM	电动机综合护器	SJDB-XTB/Y	工频运行时对电动机过载、过流、断相进行有效保护，对电动机工频运行提供过载、过流、缺相、堵转、短路、过压、欠压、漏电、三相不平等保护作用
LB	滤波器	BH-CO65C24KB	减少对周边设备的干扰，有效控制谐波对电动机的影响
SB1	停止按钮	绿色 LA38-11	在电路中起断开控制回路作用
SB2	启动按钮	红色 LA38-11	在电路中起接通控制回路作用
SA	转换开关	LW8-10-D101/1	工频/变频转换选择
SQ	接近开关	THT35AN40	通过检测、传输曲柄位置信号，分辨出抽油机悬点位于上冲程或是下冲程并将信号传递给油井智能监控设备，给变频器提供开关信号，上快下慢运行、冲次及电流平衡度，功率平衡度等信号源均由此传感器提供
HL1	指示灯	绿色 AD16-22D/220V	电源指示
HL2	指示灯	红色 AD16-22D/220V	工频运行指示
HL3	指示灯	红色 AD16-22D/220V	变频运行指示
M	电动机	三相异步电动机	将电能转变为机械能

三、变频器参数设置及工频保护器电流设定

（一）变频器参数设置

森兰变频器参数见表 1-36。

第一章 抽油机井常见控制电路

表1-36 森兰变频器参数表

功能	功能代码	设定数据	设定值含义说明
普通运行主给定通道	F0-01	3	0：F0-00 数字给定；3：AI1（电位器）
运行通道命令选择	F0-02	1	0：操作面板；1：端子控制；2：通信控制
最大频率	F0-06	50Hz	设定范围：F07~650Hz
上限频率	F0-07	50Hz	设定范围：F08"下限频率"~F06"最大频率"
下限频率	F0-08	30Hz	设定范围：0.00Hz~F0-07"上限频率"
方向选定	F0-09	1	0：正反均可；1：锁定正方向；2：锁定反方向
参数写入保护	F0-09	1	除F0-00"数字给定频率"、F7-04"PID数字给定频率"和本参数外其他参数禁止改写
紧急停机减速时间	F1-18	8	紧急停机减速时间 0.01~3600.0s
启动方式	F1-19	0	0：从启动频率启动；1：先直流制动再重启动频率启动
启动频率	F1-20	0.5Hz	设定范围：0.0~60.0Hz
启动频率保持时间	F1-21	0s	由用户单位设定定时间
停机方式	F1-25	2	0：减速停机；1：自由停机；2：减速+直流制动
停机/直流制动频率	F1-26	25Hz	0.00~60.00Hz
启动直流制动时间	F1-23	5s	0.0~60.0s
启动直流制动电流	F1-24	80%	0.0~100.0%，以变频器额定电流为100%
基本频率	F2-12	50Hz	设定范围：1.00~650.00Hz
最大输出电压	F2-13	380V	380V级：150~500V，出厂值380V；220V级：75~250V，出厂值220V；690V级：260~866V，出厂值660V
X1数字输入端子功能	F4-00	56	单一接近开关实现下打摆和冲次
FWD数字输入端子功能	F4-06	38	内部虚拟正转FWD端子
T1继电器输出功能	F5-02	1	0：变频器准备就绪；1：变频器运行中
T2继电器输出功能	F5-03	5	0：变频器准备就绪；1：变频器运行中；5：故障输出
电动机过载保护值	Fb-01	100%	50.0%~150.0%，以电动机额定电流为100%
电动机过载保护动作选择	Fb-02	2	0：不动作；1：报警；2：故障并自由停机
其他保护动作选择	Fb-11	0210	设定值为0210含义： 个位代表"变频器输入缺相保护"（0：不动作；1：报警；2：故障并自由停机）； 十位代表"变频器输出缺相保护"（0：不动作；1：报警；2：故障并自由停机）； 百位代表"操作面板掉线保护"（0：不动作；1：报警；2：故障并自由停机）； 千位代表"参数存储失败动作选择"（0：报警；1：故障并自由停机）

电路 16　SFCP-OIL-22 抽油机多功能调速控制配电箱

续表

功能	功能代码	设定数据	设定值含义说明
数字输入公共端 CMX			X1~X6、FWD、REV 端子的公共端
12V 电源端子 COM			12V 电源
频率调节旋钮+10V、AI1、GND	F6-00	0	+10V：提供给用户+10V 基准电源； AI1：输入类型选择 V：电压型； GND：+10V 电源的接地端子
直流母线端子 P+、N-			用于连接制动单元

注：除表中的参数外其他的参数应根据现场负载的实际要求设定或使用变频器的出厂默认值设定。

（二）工频保护器电流设定

（1）将工频保护器上的数字拨码器按当前电动机运行功率的额定电流设定。例如：当前电动机运行功率 30kW，额定电流 60A，把工频保护器的拨码数字设定为 060 对应显示窗口。

（2）工频过载保护采用反时限过流保护保，护特性见表 1-37。

表 1-37　工频过载保护

额定电流倍数	<1.1	1.2	1.5	2	3	4	5	6	7	8	≥9
动作时间，s	不动作	80	40	20	10	5	3	2	1	0.5	0.3

（3）工频保护器缺相及相电流不平衡保护：当缺项一相或最小电流与最大电流之比<60%时，动作时间 2s。

四、电路工作原理

（一）闭合总电源及参数设置

闭合总电源【QF1】，变频器输入端 R、S、T 上电，根据参数表设置变频器参数及电动机保护器参数；闭合控制电源【QF2】，控制回路得电，HL1 电源指示灯亮，电动机保护器得电。

（二）工频启动与停止

1. 工频启动

将工频/变频转换开关【SA】转至工频位置，按下启动按钮【SB2】，回路经 1→2→3→5→6→7→0 闭合，KM1 线圈得电，回路 2→3 线间 KM1 常开触点闭合自锁，控制回路中 8→9 线间 KM1 常闭触点断开变频控制回路，与 KM2 接触器实现电气联锁。同时主回路中 KM1 主触点闭合，电动机工频运行，工频运行指示灯 HL2 亮。

2. 工频停止

按下停止按钮【SB1】，回路 1→2 断开，KM1 线圈失电，2→3 线间常开触点断开，8→9 线间 KM1 常闭触点复位，同时 KM1 主触点断开，电动机停止运行，工频运行指示灯 HL2 熄灭。

(三)变频启动与停止

1. 变频启动

将工频/变频转换开关【SA】转至变频位置,按下启动按钮【SB2】,回路经 1→2→3→4→0 闭合,KA 线圈得电,回路 2→3 线间 KA 常开触点闭合自锁,变频器输入端子 FWD 与公共端端子 COM 间的 KA 常开触点闭合,变频器正传输出,变频器输出端子 [1TA→1TB] 闭合,回路经 1→8→9→0 闭合,KM2 线圈得电。同时主回路中 KM2 主触点闭合,电动机变频运行。

回路中 5→6 线间 KM2 常闭触点断开,断开工频控制回路,与 KM1 接触器实现机械联锁。

运行频率由外部电位器信号给定。变频器控制面板运行指示灯亮,显示信熄为 [RUN],变频运行指示灯 HL3 亮。

2. 变频停止

按下停止按钮【SB1】,回路 1→2 断开,中间继电器 KA 线圈失电,回路中 2→3 线间 KA 的常开触点断井,变频器输入端子 FWD 与公共端端子 COM 间的 KA 常开触点断开,变频器停止输出,变频器的 1TA→1TB 输出端子断开,接触器 KM2 线圈失电,回路 5→6 线间 KM2 常闭触点复位,同时 KM2 主触点断开,抽油机停止运行。变频器控制面板运行指示灯熄灭,显示信息为 [STOP],变频运行指示灯 HL3 熄灭。

(四)接近开关的作用

间抽均以下打摆方式安装且单摆运行。单摆运行就是以接近开关为中心顺向打摆(F9-46=1)或逆向打摆(F9-46=2)。如果顺向打摆有负功采用逆向打摆,如果逆向打摆有负功采用顺向打摆,如果正向打摆、逆向打摆都有负功,按负功小的方向打摆。

间抽背景及意义是:随着抽油井产液量的逐年下降,如果仍然采用传统的连续运行方式,采油量将越来越低。为了应对这种情况,抽油井可采用间歇式抽油方式工作。通过摆动运行与整周运行合理控制抽油机的抽汲次数,从而使抽油机排量与产量合理对应,动液面得到有效控制,同时解决了启动困难、需要人工启机管理难度大、冬季易冻井口等问题。

五、保护功能

(一)工频运行状态下

电动机发生短路、过载、断相、过压、欠压、故障后电动机保护器 FM 动作,保护器的①—⑤端子间 FM 常开触点闭合,1→10 线间【QF1】断路器脱扣线圈得电,主电路电源【QF1】跳闸,电动机停止运行;电动机温度过高时,保护器的⑥—⑦端子间常闭触点断开,①—⑤端子间 FM 常开触点闭合,1→10 线间【QF1】断路器脱扣线圈得电,主电路电源【QF1】跳闸,电动机停止运行。

(二)变频运行状态下

电动机发生短路、过载故障后,变频器的输出端子 2TA→2TB 动作,故障报警输出,控制回路中 1→10 线间【QF1】断路器脱扣线圈得电,主电路电源【QF1】跳闸,电动机停止运行。

电路16　SFCP-OIL-22抽油机多功能调速控制配电箱

六、常见故障与处理

该电路常见故障与处理见表1-38。

表1-38　常见故障与处理

故障现象	原因	检查处理
工频、变频都不启动	电源	电源是否缺相
	控制回路故障	控制回路电源
		启停按钮故障更换
		工频/变频转换开关
工频不启，变频正常	工频控制回路故障	工频/变频转换开关
		电动机保护器
		工频交流接触器
		变频交流接触器常闭触点
变频不启，工频正常	参数设置不正确	检查参数设置
	变频控制回路	工频/变频转换开关
		KA中间继电器
		变频交流接触器
		工频交流接触器常闭触点
	变频器坏	维修或更换
液晶面板没有显示	变频器到液晶面板连接线掉线	检查变频器到液晶面板连接线
	液晶面板坏	更换液晶面板
电位器无法调节冲次	模式选择	运行模式是否在"0"模式
运行欠压	输入电压异常或运行时掉电	查看输入电源或接线
	有重负载冲击	查看负载、有可能过载或不平衡
	输入缺相	查看电源电压
	输出缺相	检查接触器与主接线拧接是否牢固
	变频器充电接触器损坏或插件松动	查看内部接触器及插件
过载、过流	电动机绝缘或相间短路	用摇表测量相间绝缘查看是否有短接现象
	查看机械连动	查看是否机械机械连接脱扣松动
	查看配重平衡	调节平衡
	查看过载参数设置是否正确	变频器电动机保护器设置
	负载工况	有可能瞬间负载过重，需要洗井

电路 17　CHDK-13 抽油机电动机控制电路

电路简介

CHDK-13 抽油机控制柜电路利用 SJDB-XTB 三相交流电动机综合保护器、交流接触器控制电动机启停。该电路具有抗晃电、来电自启功能及过载、断相、过压、欠压故障保护功能。

一、原理图

CHDK-13 抽油机电动机控制电路如图 1-17 所示。

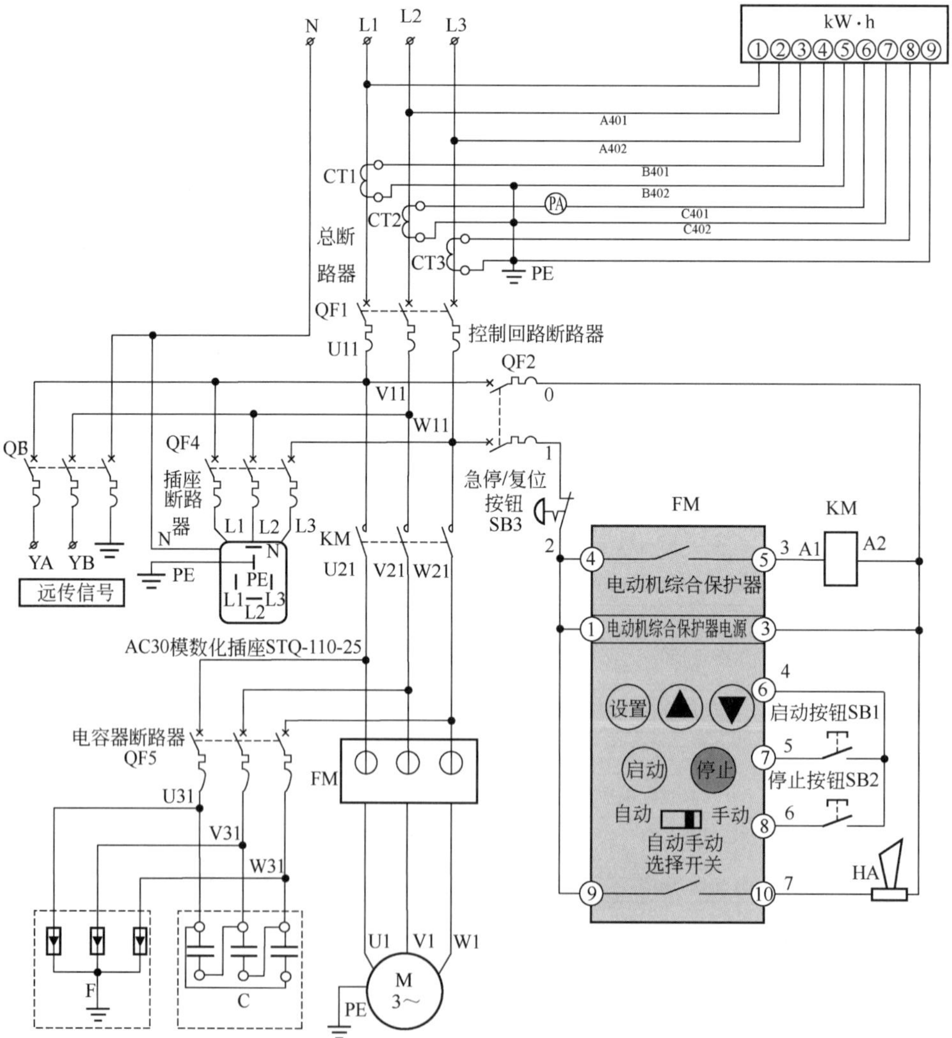

图 1-17　CHDK-13 抽油机电动机控制电路原理图

二、电器元件及功能

该电路的电器元件及功能见表1-39。

表1-39 电器元件及功能明细表

文字符号	名称	型号	电器元件在该电路中的作用
QF1	断路器	CDM1-225L	主回路电源开关，在电路中起控制兼保护作用
QF2	断路器	DZ47-63/2 C6	在控制电路中主要起控制及短路保护作用，用于保护线路及电器元件
QF3	断路器	DZ47-63/3 C6	在远传电路中起控制及短路保护作用
QF4	断路器	DZ47LE-63/3/C40	在电路中对临时用电插座进行控制及短路保护作用
QF5	断路器	DZ47-63/3 C40	在电路中主要起控制电容器投入与切除及短路保护
KM	交流接触器	NC2-115	用于远距离自动接通或断开电动机三相电源
FM	电动机综合保护器	SJDB-XTB	保护器具有断相及相电流不平衡、过载、过压、欠压故障及状态自锁功能
SB1	启动按钮	NP4-11BN	在电路中起通控制回路作用
SB2	停止按钮	NP4-11BN	在电路中起断开控制回路作用
SB3	急停按钮	NP4-11ZS	紧急停止及故障复位（断电复位）
HA	语言报警器	YT-01/AC380	自延时启动计时起语言报警"来电自启注意安全"

三、三相交流电动机综合保护器功能

（一）保护器端子功能

（1）接线端子①—③为保护器电源，AC380V。

（2）接线端子④—⑤为控制常开，启动时闭合，故障后释放。

（3）接线端子⑥—⑦为外接"启动"按钮【SB1】（常开）。

（4）接线端子⑥—⑧为外接"停止"按钮【SB2】（常开）。

（5）接线端子⑨—⑩为报警常开，停电后再来电时接通，语音报警，④—⑤常开吸合后，⑨—⑩断开，停止报警。

（6）保护器面板上有【启动】按钮和【停止】按钮，可以直接控制电动机的启停。

（二）电动机综合保护功能及操作

1. 抗晃电功能

当电网瞬时停电时间小于1s时，电动机综合保护器常开触点④—⑤保持吸合，交流接触器不断开；瞬时停电时间大于1s时，电动机综合保护器按停电处理，④—⑤断开，接触器线圈失电，主触头断开，电动机停止运行。

2. 来电自启功能

当电网停电时间在5min以内，再来电时，电动机综合保护器常开触点⑨—⑩闭合，自动延时语音报警，到达设定延时启动时间（30～300s）后，常开触点⑨—⑩断开，警铃停止，常开触点④—⑤闭合，回路经1→2→3→0闭合，接触器线圈得电，KM主触头闭合，电动机运行。在停电5min后，电网还未来电，综合保护器失去来电自启动功能，启机时需将保护器面板上的【手/自动】转换开关拨至手动位置。

3. 参数设置方法

（1）【手/自动】转换开关：当手/自动转换开关位于自动位置时，按设定的延时时间延时后自动启机；当开关位于手动位置时，按启动按钮启动电动机运行。

（2）【功能】按键：为功能设置及显示项循环切换按键。

（3）【增加/减少】按键：数值按循环值增加/减少一挡。

（4）功能显示：显示当前功能项，停机状态功能项循环顺序为 SP—St—Sc—Sd—OU—Od—LU—Ld—bt—Er—SP，功能项明细见表1-40。

表1-40 功能项明细表

功能项	描述
SP	电动机额定电流设置，A
St	过载延时保护时间，s
SC	相电流不平衡百分比保护值
Sd	自启动延时时间，s
OU	过电压保护值，V
Od	过电压保护延时时间值，s
LU	欠电压保护值，V
Ld	欠电压保护延时时间值，s
bt	抽油机冲程周期，s
Er	故障原因

四、电路工作原理

（一）闭合总电源及参数设置

闭合总电源【QF】、控制回路电源【QF2】三相交流电动机综合保护器上电，根据实现生产参数设置电动机综合保护器参数。

（二）手动启动与停止

1. 启动

将电动机综合保护器面板上的手/自动转换拨钮拨至手动位置，按下启动按钮【SB1】，回路4→5闭合，电动机综合保护器⑥—⑦端子接通，常开触点④—⑤闭合，回路经1→2→3→0闭合，KM线圈得电，KM主触头闭合，电动机运行。

2. 停止

按下停止按钮【SB2】，回路4→6闭合，电动机综合保护器⑦—⑧端子接通，常开触点④—⑤断开，回路2→3断开，KM线圈失电，KM主触头断开，电动机停止运行。

（三）来电自启动与停止

1. 启动

如果保护器【手/自动】转换开关至于自动位置，电动机运行时，当电源失电5min以内来电后，电动机综合保护器进入延时启动计时，同时保护器常开触点⑨—⑩闭合，回路经1→2→7→0闭合，语音报警器得电，发出"来电自启、注意安全"报警提示音。

当到达延时时间保护器常开触点常开触点④—⑤闭合，回路经 1→2→3→0 闭合，KM 线圈得电，KM 主触头闭合，电动机运行。同时保护器常开触点⑨—⑩断开，语音报警器停止报警，但是如果电源失电超过 5min 后，综合保护器将失去来电自启动功能。

2. 停止

按下停止按钮【SB2】，回路 4→6 闭合，电动机综合保护器⑦—⑧端子接通，常开触点④—⑤断开，回路 2→3 断开，KM 线圈失电，KM 主触头断开，电动机停止运行。

五、保护功能

（1）当电动机发生短路、过载、断相、过压、欠压故障时电动机综合保护器常开触点④—⑤断开，回路 2→3 断开，KM 线圈失电，KM 主触头断开，电动机停止运行。

（2）当设备发生突发事故时，按下急停按钮【SB3】，回路 1→2 断开，整个控制电路失电，电动机停止运行。

六、常见故障与处理

该电路常见故障与处理见表 1-41。

表 1-41 常见故障与处理

故障现象	可能原因	解决方法
综合保护器无电源显示	电源无电	合上主空开，检查电源是否缺相
		控制开关是否闭合
		急停按钮是否复位
	综合保护器损坏	更换综合保护器
按启动按钮接触器不吸合	启动按钮常开触点损坏	更换另一组启动按钮常开触点或更换启动按钮
		利用综合保护器面板启动按钮启动
	电动机综合保护器常开触点④—⑤损坏	更换综合保护器
	交流接触器线圈损坏	更换交流接触器
按停止按钮接触器不释放	停止按钮常开触点损坏	更换另一组停止按钮常开触点或更换停止按钮
		利用综合保护器面板停止按钮停止
	接触器主触头粘连	修复接触器主触头或更换接触器
欠压	输入电压异常	检查输入电源或接线
	重负载冲击	检查负载、有可能过载或不平衡
	输入缺相	检查电源电压
	输出缺相	检查接触器与主接线连接是否牢固
过载、过流	电动机绝缘或相间短路	用摇表测量相间绝缘查看是否有短接现象
	配重不平衡	调节平衡
	综合保护器参数设置不正确	重新调整参数设置
	负载过重	减小负载

电路 18　CTB-PSC 系列抽油机变频恒功率控制配电箱电路

电路简介

交流伺服主轴驱动器实际上是具有伺服控制功能的变频器，该电路控制系统为闭环矢量变频控制，根据负荷变化自动调节输出电压能做到低速大扭矩输出，具有节能、速度控制精度高、调试范围宽等特点。

电路以变频器为核心，通过触摸屏实现人机界面交流。变频控制器内部设计了工频/变频切换电路，通过操作面板可以自由切换运行。触摸面板通过 RS232 通讯电缆与驱动器 T0 接口相连，通过人机界面可以监测各种电参量以及系统运行状况。

通过功率检测模块实现恒功率运行，进一步提高电网功率因数，降低抽油机的无功损耗，使抽油机达到最佳状态，从而提高能源的利用率。

一、原理图

CTB-PSC 系列抽油机变频恒功率控制配电箱电路如图 1-18 所示。

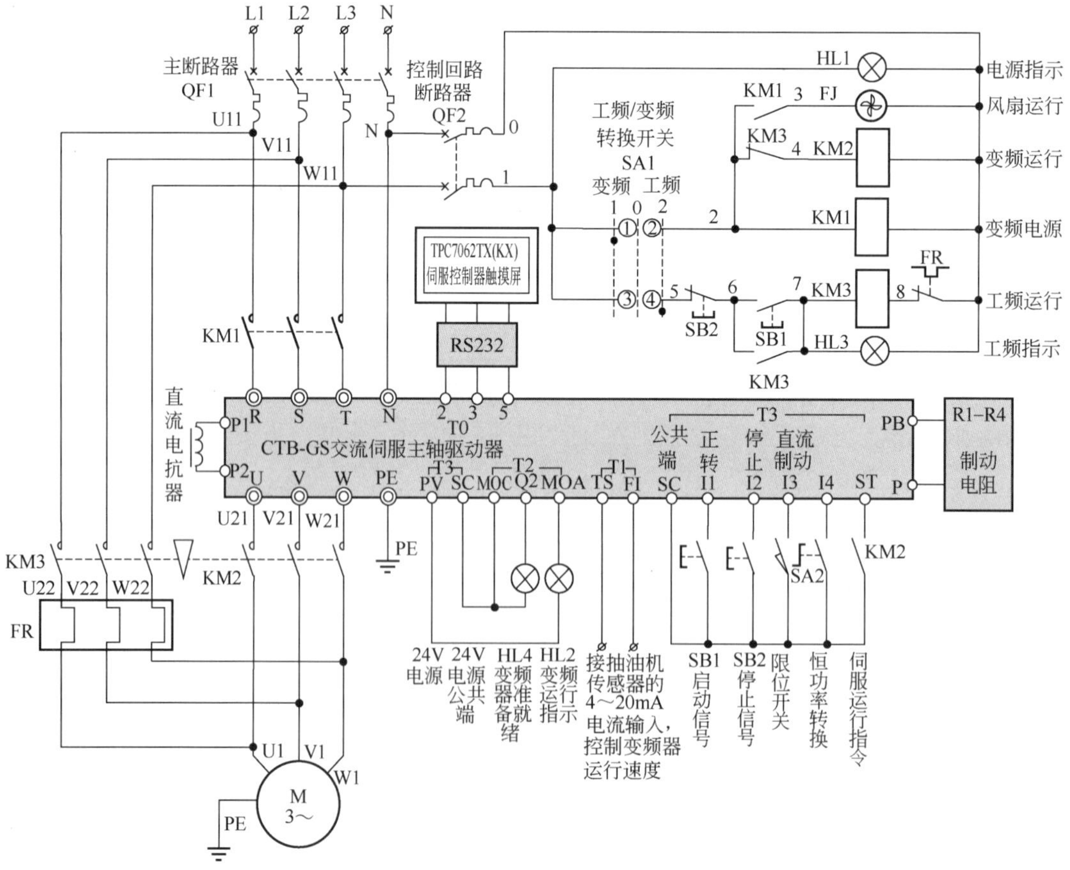

图 1-18　CTB-PSC 系列抽油机变频恒功率控制配电箱电路原理图

电路 18　CTB-PSC 系列抽油机变频恒功率控制配电箱电路

二、电器元件及功能

该电路的电器元件及功能见表 1-42。

表 1-42　电器元件及功能明细表

文字符号	名称	型号	电器元件在该电路中的作用
CTBGS	交流变频主轴驱动器	BKSC-47P5GSX	该驱动器可对交流感应变频电动机和交流变频电动机的位置、转速、加速度和输出转矩进行精确控制
HMI	嵌入式一体化触摸屏	TPC7062TX（KX）	用户可以通过触摸屏对驱动器进行速度设定、参数设定、状态监视、运行控制等操作
R1—R4	制动电阻	—	用来吸收电动机制动时的再生电能，防止驱动器过压
QF1	断路器	TGM1-125	电源总开关，在主电路中起控制兼保护作用
QF2	断路器	DZ47-63	控制回路开关，在电路中起控制兼保护作用
KM1	交流接触器	CJX2-50008	控制变频驱动器上电和断电作用
KM2	交流接触器	CJX2-50008	变频运行接触器，控制电动机启动与停止作用，与工频输出接触器 KM3 内装有机械联锁模块，以实现机械联锁
KM3	交流接触器	CJX2-50008	工频运行接触器，控制电动机启动与停止作用，与变频输出接触器 KM2 内装有机械联锁模块，以实现机械联锁
FR	热继电器	NR2-25	主要用来对异步电动机进行过载保护
	直流电抗器		提高变频器直流环节的稳定性，提升变频系统的功率因数，可以减少变频器输出的谐波
SB1	启动按钮	绿色 ZB2-BE102C	在电路中起接通控制回路作用
SB2	停止按钮	红色 ZB2-BE101C	在电路中起断开控制回路作用
SA1	转换开关	LW8-10-D101/1	工频/变频转换选择
SA2	转换开关	LW8-10-D101/1	伺服/衡功率转换开关
HL1	指示灯	红色 AD16-22D/220V	电源指示
HL2	指示灯	绿色 AD16-22D/220V	变频运行指示
HL3	指示灯	绿色 AD16-22D/220V	工频运行指示
HL4	指示灯	绿色 AD16-22D/220V	衡功率运行指示
	编码器	内置磁速度编码器	测量电动机转速，将信号处理后反馈给变频器对电动机进行有目标控制
M	伺服电动机	CTB-47P5ZCB15-H5GB	将电能转变为机械能

三、变频主轴驱动器输入输出信号描述

变频主轴驱动器输入输出信号功能见表 1-43。

表 1-43 变频主轴驱动器输入输出信号功能描述

端口	端子名称	功能	设定值含义说明（端子功能由厂家固化）
T0	2、RS232 RXD 3、RS232 TXD 5、GND	通信	触摸屏通信
T1	TS	模拟量输入	内部提供速度设定用电源 10V
	FI		0~10V、4~20mA 可选择模拟量输入 阻抗 20K/500Ω
T2	Q2	输出功能选择	驱动器运行中
	MOA/MOB/NOC	继电器输出	驱动器准备就绪
T3	PV	控制电源	DC24V 电源端子
	SC		控制信号公共端
	ST	控制信号输入	伺服运行允许指令
	I1		正转运行
	I2		停止功能
	I3		直流制动
	I4		恒功率运行指令

四、电路工作原理

（一）变频运行与停止

1. 变频驱动器上电

闭合总电源【QF1】，闭合控制电源【QF2】，将工频/变频转换开关切换至变频位置，回路经 1→2→0 号线形成回路，接触器 KM1 线圈得电，控制回路中 2→3 号间的 KM1 的常开触点闭合风机启动，主回路中 KM1 主触点闭合变频驱动器上电。

2. 变频启动

工频/变频转换开关【SA1】切换至变频位置的同时，控制回路经 1→2→4→0 号线形成回路，接触器 KM2 线圈得电，主回路中 KM2 的主触点闭合。

按下启动信号【SB1】驱动器的 SC→I1 闭合，变频驱动器的 PV→MOA 间的变频运行指示灯 HL2 亮，电动机变频运行。将 SC→I4 间的 SA2 恒功率转换开关闭合、SC→ST 间的 KM2 闭合后 Q2 输出，恒功率运行指示灯亮，电动机在变频运行的状态下恒功率运行。通过触屏 TPC7062 监视变频器运行状态。

3. 变频停止

按下停止信号【SB2】，变频运行指示灯 HL2 熄灭，变频驱动器的 U、V、W 没有输出，电动机停止运行；控制面板运行指示灯熄灭，显示信息为［STOP］。

电路 18　CTB-PSC 系列抽油机变频恒功率控制配电箱电路

（二）工频运行与停止

1. 工频启动

工频/变频转换开关切换至工频位置，按下启动按钮【SB1】，控制回路经 1→5→6→7→8→0 号线形成回路，接触器 KM3 线圈得电，回路中 6→7 线间的 KM3 的常开点闭合自锁，工频运行指示灯 HL3 亮，同时回路中 2→4 线间的 KM3 的常闭点断开，切断变频回路，与 KM2 接触器实现机械联锁。主回路 KM3 的主触点闭合，电动机工频运行。

2. 工频停止

按下停止按钮【SB2】，控制回路经 5→6 号线断开，交流接触器 KM3 线圈失电，回路中 6→7 线间的 KM3 的常开点断开，同时 2→4 线间的 KM3 的常闭点复位，主回路 KM3 的主触点断开，电动机停止运行。

五、保护功能

（1）在工频状态下，电动机发生短路、过载故障后热继电器 FR 动作，回路中 8→0 线号间 FR 的常闭辅助触头断开，回路 1→5→6→7→8→0 断开，工频主电路交流接触器 KM3 线圈失电，工频运行指示灯 HL3 熄灭，电动机停止运行。

（2）在变频状态下，电动机发生短路、过载故障，发生故障停机，变频运行指示灯 RUN 熄灭，停止指示灯 STOP 点亮，变频驱动器的 U、V、W 没有输出，电动机停止运行。

六、常见故障与处理

该电路常见故障与处理见表 1-44。

表 1-44　常见故障与处理

故障现象	可能原因	解决方法
变频不启动	电源	电源是否缺相
	控制回路故障	控制回路电源
		启停按钮故障更换
		变频交流接触器常闭触点
	参数设置不正确	检查参数设置
	变频器坏	维修或更换
液晶面板没有显示	变频器到液晶面板连接线掉线	检查变频器到液晶面板连接线
	液晶面板坏	更换液晶面板
电位器无法调节	模式选择	运行模式是否在"0"模式
运行欠压	输入电压异常或运行时掉电	查看输入电源或接线
	有重负载冲击	查看负载、有可能过载或不平恒
	输入缺相	查看电源电压
	输出缺相	检查接触器与主线拧接是否牢固
	变频器充电接触器损坏或插件松动	查看内部接触器及插件

第一章 抽油机井常见控制电路

续表

故障现象	可能原因	解决方法
过载、过流	电动机绝缘或相间短路	用摇表测量相间绝缘查看是否有短接现象
	查看机械连动	查看是否机械机械连接脱扣松动
	查看配重平恒	调节平恒
	负载工况	有可能瞬间负载过重，需要洗井
电动机不启动	电源缺相	检查电源
	电压过低	检查电源
	负载有故障	检查负载装置
	电动机接线错误	检查电动机接线
	驱动器接线错误	检查驱动器接线
	驱动器参数设置不合适	调整驱动器参数
电动机震动	联轴器连接松动	紧固联轴器螺栓
	安装基础不平或有缺陷	检查基础并固定
	转子、带轮不平衡	做整机动平衡
	轴伸被撞击变形	校正轴伸，必要时更换
电动机转速低于设定值	电源电压过低	检查电源电压
	负载过重	检查传动机构
	编码器损坏	检查电动机编码器
	驱动器参数调整不当	改变驱动器参数
电动机有异响	机械摩擦	检查传动装置
	缺相运行	检查电源或变频器
	轴承损坏	请更换轴承
	编码器损坏	请更换编码器
电动机机壳带电	接地不良	检查接地螺栓并拧紧
	绕阻受潮，绝缘低	烘干，必要时更换
	接线不良	清理接线板
	引出线绝缘磨破	处理绝缘
	风机漏电	修复风机
电动机发热严重	电源电压不正常	检查电源
	过载	检查传动机构
	通风不畅	检查风机和风道
	电动机匝间或相间短路	检查空载电流
	驱动器参数不当	调整驱动器参数
	电动机安装不对	检查联轴器
	轴承损坏	更换轴承
运转不平稳	编码器损坏	更换编码器
	编码器接线不实	重新紧固电缆插头
	驱动器故障	调整驱动器参数

电路 19　CY-JDQ4-A-37 节能控制器抽油机控制电路

电路简介

节电器实际上就是变频器，该电路通过转换开关实现工频/变频转换，利用 SB1、SB2 按钮控制电动机的起、停，也可通过操作面板控制变频器的起、停，只要变频器的主电路 R/S/T 得电后即立即运行。当电源、节电器、电动机发生各种故障时，节电器（变频器）进行保护，停止电动机的运行，并在操作面板上显示故障代码。

一、原理图

CY-JDQ4-A-37 节能控制器抽油机控制电路如图 1-19 所示。

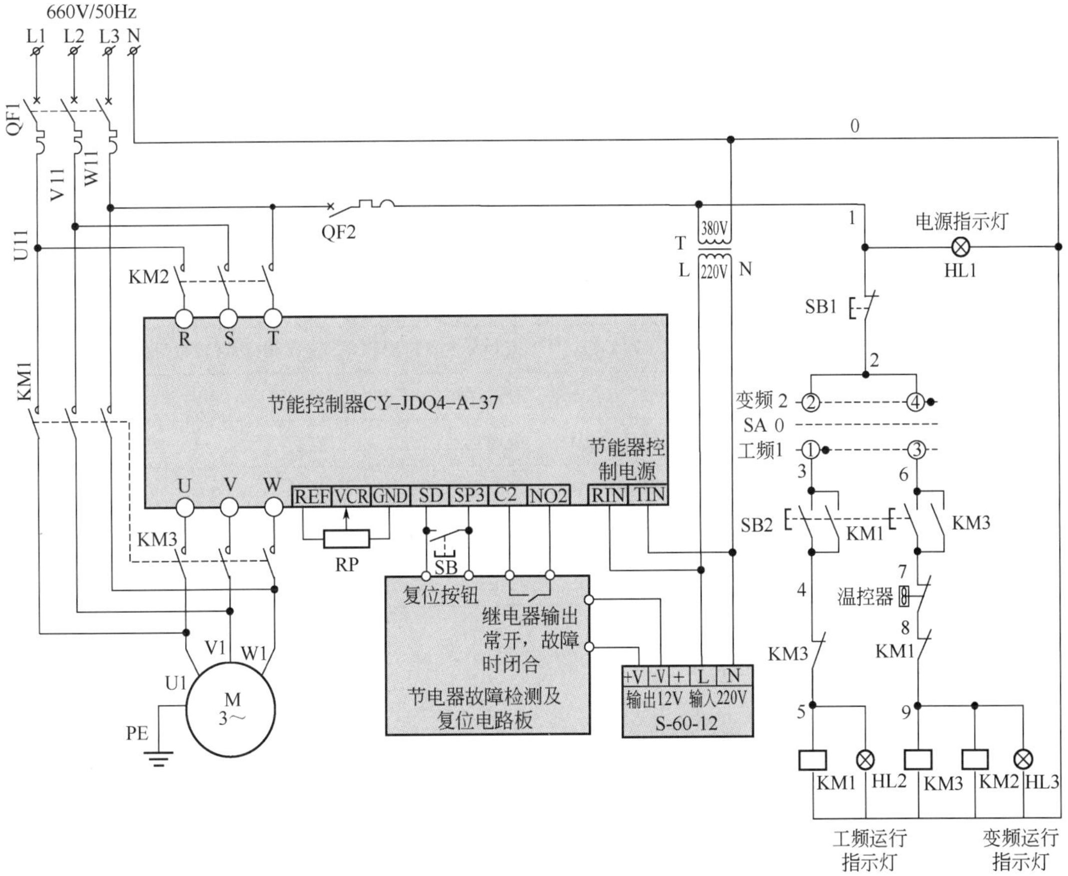

图 1-19　CY-JDQ4-A-37 节能控制器抽油机控制电路原理图

二、电器元件及功能

该电路的电器元件及功能见表 1-45。

表 1-45 电器元件及功能明细表

文字符号	名称	型号	电器元件在该电路中的作用
CY-JDQ	节能控制器	CY-JDQ4-A-37	在电路中起降低启动电流，实现节能、软启、软停、电动机转速调整和调整冲次的功能
QF1	断路器	NM1-125S/3300	电源总开关，在主电路中起控制兼保护作用
QF2	断路器	DZ47-60/C6	控制回路开关，在控制电路中起控制兼保护作用
KM1	交流接触器	CJX2-40-660V	工频运行接触器，控制电动机工频启动与停止作用，并与节电器输出接触器 KM3 实现机械联锁
KM2	交流接触器	CJX2-40-660V	节电器上电接触器
KM3	交流接触器	CJX2-40-660V	节电器给电动机输送电压接触器，并与工频输出接触器 KM1 实现机械联锁
TD	降压变压器		节电器和开关电源供电电源，输入交流 380V，输出交流 220V
U	开关电源	S-60-12	节电器故障检测及复位电路板供电电源，输入交流 220V，输出直流 +12V
SB1	停止按钮	红色 NP2-BE102	停止工频运行或停止节能控制器运行
SB2	启动按钮	NP2-BE101 绿色	启动工频运行或启动节能控制器运行
SA	转换开关	NP2-BE101	工频/节能转换
RP	电位器	WXD3-13-2W	控制节电器输出频率（控制电动机转数目的）
WJ	温控开关	TM22	过热保护
HL1	指示灯（红色）	ND16-22DS/4-380V	电源指示
HL2	指示灯（绿色）	ND16-22DS/4-380V	工频运行指示
HL3	指示灯（黄色）	ND16-22DS/4-380V	变频运行指示
M	电动机	ZYCYT250L3-6/8P	将电能转变为机械能

三、节电器器参数设置

闭合总电源开关【QF1】，主电路得电，闭合控制电源开关【QF2】，控制回路得电，HL1 电源指示灯亮，按一下【MODE】键，显示［--XX］（--是 MODE 模式，XX 是数字），将数字调到 46；按【MODE】键，显示［1］，将"1"改为"0"，按【SET/STOP】一下，显示屏上的"0"闪 3 下后停止；按【MODE】键，显示［--XX］，将"XX"调到"60"，按【MODE】键，显示［1］，将"1"改为"0"；按【SET/STOP】一下，显示屏上的"0"闪 3 下后停止，按【MODE】键，显示［--XX］，将"XX"调到"24"，按【MODE】键，显示［1］，将"1"改为"0"，按【SET/STOP】一下，显示屏上的"0"闪 3 下后停止；这时可以任意调节需要改变的参数，按表 1-46 将参数输入节电器，调节代码

电路 19 CY-JDQ4-A-37 节能控制器抽油机控制电路

完成后,将功能代码"24"设定值调为"1",功能代码"60"设定值调为"1",功能代码"46"设定值调为"1",此时即可启动节电器。

表 1-46 节电器参数表

功能	功能代码	设定数据	设定值含义说明
设置显示内容	10	0	0:输出频率(Hz);1:输出功率(kW);2:输出电流(A);3:输出电压(V);4:输出功率因数(%);5:当前时间(时:分)
上限频率	20	60	设定范围:0~60Hz
下限频率	21	30	设定范围:0Hz~"上限频率"
加速时间	22	15	启动时达到设定频率所用时间(s)
减速时间	23	5	停止时降到0Hz所用时间(s)
启动方式选择	24	1	0:通过操作面板上的【RUN】键和【SET/STOP】键来启动或停止节电器 1:通过直接连接 RUN-SD 端子来产生外部信号,从而启动或停止节电器
频率设定方式	25	2	0:使用操作面板按键设定的频率 1:利用外部电流(4~20mA 信号)设置频率 2:利用外部电压(0~5V、0~10V 信号)设置频率 3:利用外部电流(4~20mA 信号)以及外部电压(0~5V、0~10V 信号)的并用设置频率
节电模式	36	0	0:节电器节电模式,根据电动机的负载率,自动调整输出电压,以达到节电效果 1:变频模式,作为通常的变频器使用
负载类型的选择	38	0	0:风扇、泵模式;1:冲击负载模式
旋转方向	40	0	0:正转;1:反转
数据锁定功能	46	1	0:可变更数据;1:除本数据外,其他数据均不能修改
软件 RUN 信号	60	1	0:禁用软件 RUN 信号;1:起用软件 RUN 信号(设为1时,当接通电源时节电器就会被启动)

注:除表中的参数外其他参数应根据现场的实际要求设定或使用节电器的出厂默认值设定。

四、工作原理

(一)节电器送电

闭合总电源开关【QF1】,主电路得电,闭合控制电源开关【QF2】,控制回路得电,HL1 电源指示灯亮。

(二)工频启动与停止

1. 工频启动

将工/节能转换开关【SA】转至工频位置,按下启动按钮【SB2】,回路经 1→2→3→4→5→0 闭合,KM1 线圈得电,回路 3→4 线间 KM1 常开辅助触点闭合自锁,控制回路中 8→9 线间 KM1 常闭触点断开,与 KM3 接触器实现机械联锁。同时主回路中 KM1 主触点闭合,电动机工频运行,工频运行指示灯 HL2 亮。

2. 工频停止

按下停止按钮【SB1】,回路 1→2 断开,KM1 线圈失电,3→4 线间常开辅助触点断开,

8→9 线间 KM1 常闭辅助触点复位，同时 KM1 主触点断开，电动机停止运行，工频运行指示灯 HL2 熄灭。

（三）节电器启动与停止：

1. 启动

将工/节能转换开关【SA】转至变频位置，按下启动按钮【SB2】，回路经 1→2→6→7→8→9→0 闭合，KM3、KM2 线圈得电，回路 6→7 线间 KM3 常开辅助触点闭合自锁，回路 4→5 线间 KM3 常闭辅助触点断开，与 KM1 接触器实现机械联锁；同时主回路中的 KM2、KM3 主触头闭合，节电器的端子 R、S、T 得电，节电器得电运行，并将整流、逆变后的电压输送给电动机，电动机得电后保持连续运行，节能运行指示灯 HL3 亮，使用操作面板上的电位器调节电源频率，改变电动机的转速。

2. 停止

按下停止按钮【SB1】，回路 1→2 断开，KM3、KM2 线圈失电，控制回路 6→7 线间 KM3 的常开辅助触点断开，控制回路 4→5 线间 KM3 常闭辅助触点闭合，主电路 KM3、KM2 主触头断开，节电器失电，停止给电动机输送电压，电动机停止运行，节能运行指示灯 HL3 熄灭。

五、保护功能

（一）工频运行状态下

电动机发生短路、过载、断相、欠压故障时，依靠断路器 QF1、QF2，交流接触器 KM1 进行保护。

（二）节电器运行状态下

当电源、节电器、电动机发生各种故障时，节电器进行保护，停止电动机的运行，并在操作面板上显示故障代码，故障代码见表 1-47。

六、常见故障与处理

该电路常见故障与处理见表 1-47。

表 1-47 常见故障与处理

序号	液晶屏显示	故障代码	故障名称	故障原因	外部报警
1	ACLU	ACLV	输入电压较低（自然恢复）	控制电源正常、输入电压不足导致不能重新启动	
2	ACHU	ACHV	输入电压异常	控制电源正常、输入电压过高导致不能重新启动	
3	ALon	ALon	装置内部异常（自然恢复）	由于没有满足节电器运行条件，而不能启动设备，如节电器内部 DC 电压过高等	

电路19 CY-JDQ4-A-37节能控制器抽油机控制电路

续表

序号	液晶屏显示	故障代码	故障名称	故障原因	外部报警
4	CHG	CHG	DC充电	在接通电源以后，节电器主电路中的电解电容器正在充电	
5	E.CHG	E.CHG	DC充电问题（跳闸报警）	在接通电源的时候，节电器主电路电解电容充电失败	当MODE59（外部接触模式）被设置为"0"或者"3"时，报警功能得以启动
6	E.dCL	E.dcl	过低的DC电压（跳闸报警）	在节电器运行期间，节电器主电路中的电解电容的电压下降到过低的水平	当MODE59（外部接触模式）被设置为"0"或者"3"时，报警功能得以启动
7	E.ETH	E.ETH	启动电热熔断器（跳闸报警）	节电器输出电流过高，因而，有可能导致电动机和节电器过热	当MODE59（外部接触模式）被设置为"0"或者"3"时，报警功能得以启动
8	E.Fin	E.Fin	过热的散热片（跳闸报警）	过热的节电器冷却散热片启动了内置的调温装置，在问题得到纠正以后，需要几分钟到几十分钟来重新设置参数	当MODE59（外部接触模式）被设置为"0"或者"3"时，报警功能得以启动
9	E.Gr	E.Gr	检查接地输出漏电电流（跳闸报警）	节电器输出线路接地，从而导致较高的电流流向地面	当MODE59（外部接触模式）被设置为"0"或者"3"时，报警功能得以启动
10	E.iFA	E.iFA	输入电源欠相（跳闸报警）	三相电源出现欠相或平衡较差时	当MODE59（外部接触模式）被设置为"0"或者"3"时，报警功能得以启动
11	E.ioU	E.ioV	过高的输入电压（跳闸报警）	节电器的输入电压过高	当MODE59（外部接触模式）被设置为"0"或者"3"时，报警功能得以启动
12	E.iPF	E.iPF	暂时供电中断（跳闸报警）	节电器设备经历了超过20μs但不到0.1s的暂时性供电中断	当MODE59（外部接触模式）被设置为"0"或者"3"时，报警功能得以启动
13	E.oc1	E.oc1	在频率上升期间电流过高（跳闸报警）	在节电器输出频率上升期间，检查到有暂时性过流现象	当MODE59（外部接触模式）被设置为"0"或者"3"时，报警功能得以启动
14	E.oc2	E.oc2	在匀速运行期间电流过高（跳闸报警）	在节电器以匀速频率运行期间，检查到有暂时性过流现象	当MODE59（外部接触模式）被设置为"0"或者"3"时，报警功能得以启动
15	E.oc3	E.oc3	在频率下降期间电流过高（跳闸报警）	在节电器输出频率下降期间检测到有暂时性过流现象	当MODE59（外部接触模式）被设置为"0"或者"3"时，报警功能得以启动

续表

序号	液晶屏显示	故障代码	故障名称	故障原因	外部报警
16	E.oCP	E.oCP	IGBT 保护（跳闸报警）	在短时间内，流经节电器主电路变流器元件的电流过高	当MODE59（外部接触模式）被设置为"0"或者"3"时，报警功能得以启动
17	E.oFA	E.oFA	输出欠相（跳闸报警）	可能是由于节电器输出没有连接负载，或者是由于输出线路发生报警接电欠相	当MODE59（外部接触模式）被设置为"0"或者"3"时，报警功能得以启动
18	E.oLr	E.oLr	持续性阻碍（跳闸报警）	节电器的防阻碍功能的运行时间超过了限定的运行时间	当MODE59（外部接触模式）被设置为"0"或者"3"时，报警功能得以启动
19	E.oU1	E.oV1	恒速运行期间电压过高（跳闸报警）	在节电器以恒速频率运行期间，检查到有暂时性DC过压现象	当MODE59（外部接触模式）被设置为"0"或者"3"时，报警功能得以启动
20	E.oU2	E.oV2	频率下降期间电压过高（跳闸报警）	在节电器输出频率下降期间，产生了DC暂时性过压现象	当MODE59（外部接触模式）被设置为"0"或者"3"时，报警功能得以启动
21	E.rFA	E.rFA	重起失败（跳闸报警）	在发生跳闸现象后试图重启设备期间，重启失败的次数达到了重启模式中所规定的重启次数	当MODE59（外部接触模式）被设置为"0""1"和"3"时，触发了报警功能
22	-oc-	-oc-	过流（预警）	输出电流提高，从而启动了电热熔断器	当MODE59（外部接触模式）被设置为"3"时，报警功能得以启动
23	-oL-	-oL-	防阻碍功能处于运行状态（预警）	当由于过流或者过压的原因而启动了防阻碍功能时，在一定的时间内，显示屏会闪烁本屏内容	当MODE59（外部接触模式）被设置为"3"时，报警功能得以启动
24	-oU-	-oV-	DC过压（预警）	表明DC电压比标准电压高（一般情况下，显示"oLoV"）	当MODE59（外部接触模式）被设置为"3"时，报警功能得以启动
25	oLoc	oLoc	过流防阻碍功能处于工作状态（预警）	节电器过流防阻碍功能当前处于工作状态	当MODE59（外部接触模式）被设置为"3"时，报警功能得以启动
26	oLoU	oLoV	过压防阻碍功能处于运行状态（预警）	节电器过压防阻碍功能当前处于工作状态	当MODE59（外部接触模式）被设置为"0"时，报警功能得以启动
27	oLUc	oLVc	过压防阻碍功能和过流防阻碍功能同时处于工作状态（预警）	过压防阻碍功能和过流防阻碍功能当前处于工作状态	当MODE59（外部接触模式）被设置为"0"时，报警功能得以启动

电路19 CY-JDQ4-A-37节能控制器抽油机控制电路

续表

序号	液晶屏显示	故障代码	故障名称	故障原因	外部报警
28	oUoc	oVoc	DC过电压和输出过电流同时发生（预警）	节电器检测到DC过压和输出过流	当MODE59（外部接触模式）被设置为"0"时，报警功能得以启动
29	run1	Run1	运行状态1	节电器虽处于运行状态，但由于频率设置过低或者其他原因，SunSv超能士在等待电压输出	
30	run2	Run2	运行状态2	节电器按照MODE28、MODE64所设定的时间处于待重启状态	
31	uPdA	uPdA	数据初始化（不可复位）	当更换CPU时，将始终显示本屏内容，除部分数值外设置数值都将被复位	报警功能得以启动
32	TEST	TEST	跳闸测试（运行期间）	执行MODE58后、显示错误信息	当MODE59（外部接触模式）被设置为"0"或者"3"时，报警功能得以启动

注：用节电器面板上的红色复位键清除故障代码。

电路 20　YDBH-SSI-300A 电动机综合保护器控制的抽油机控制电路

电路简介

该电路通过保护器控制电动机的启动与停止，电动机为 6/8 双速变极调速电动机。同时电动机综合保护器对电动机实现过载保护、断相保护，并可通过保护器上的高速、低速开关对电动机进行调速。

一、原理图

YDBH-SSI-300A 电动机综合保护器控制的抽油机控制电路如图 1-20 所示。

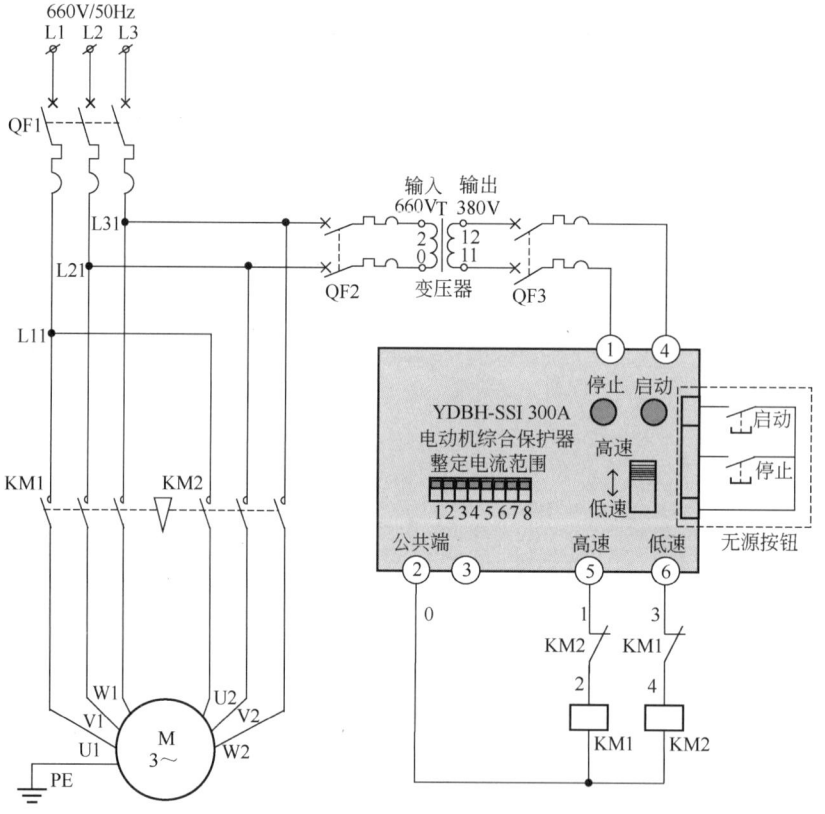

图 1-20　YDBH-SSI-300A 电动机综合保护器控制的抽油机控制电路原理图

YDBH 电动机综合保护器接线及电流整定方法如下：

（1）变压器上的 "0" "2" 端子接交流电源 AC 660V，变压器下端 11、12 端子接输出交流 AC 380V。

（2）保护器上的端子 "5" 为高速输出接点，"6" 为低速输出接点，"2" 为公共端。

（3）"3" 为空端子。

电路 20　YDBH-SSI-300A 电动机综合保护器控制的抽油机控制电路

（4）保护器右侧的长方形插孔，是连接无源常开脉冲触点的，红色是"停止"按钮、绿色是"启动"按钮。

（5）保护器电流整定方法是：摘下"功率选择器"上盖，将拨码开关 1—8 拨到上方整定电流 15A，3—8 拨到上方整定电流 17A，4—8 拨到上方整定电流 22A，5—8 拨到上方整定电流 26A，1 拨到上方整定电流 30A，2 拨到上方整定电流 36A，3 拨到上方整定电流 43A，4 拨到上方整定电流 58A，5 拨到上方整定电流 72A，6 拨到上方整定电流 85A，7 拨到上方整定电流 100A，8 拨到上方整定电流 150A，根据电动机额定电流，调整拨码开关如图 1-21 所示。

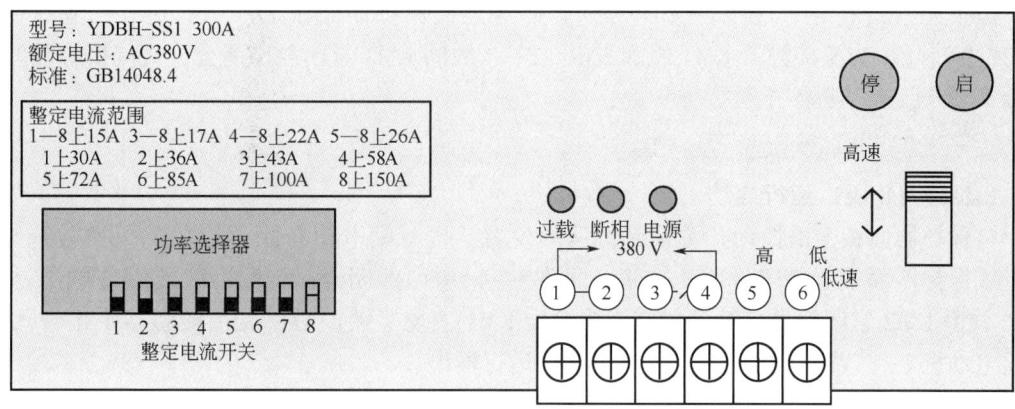

图 1-21　电动机综合保护器整定电流开关图

二、电器元件及功能

该电路的电器元件及功能见表 1-48。

表 1-48　电器元件及功能明细表

文字符号	名称	型号	电器元件在该电路中的作用
FM	电动机综合保护器	YDBH-SSI-300A	具有断相、过载保护
QF1	断路器	NM1-250S/33002	能完成接触和分断电路，具有过载保护功能
QF2	断路器	DZ47-60/C3	能完成接触和分断控制电路，具有过载保护功能
QF3	断路器	DZ47-60/C3	能完成接触和分断控制电路，具有过载保护功能
KM1	交流接触器	CJ20-63	接通或断开带负载的高速电动机电路，适用于频繁操作和远距离控制
KM2	交流接触器	CJ20-63	接通或断开带负载的低速电动机电路，适用于频繁操作和远距离控制
M	高启动力矩多速电动机	ZYCYT250L3-6/8	将电能转变为机械能
T	变压器	NDK（BK）-200	输入交流 660V 电压，输出交流 380V 电压

三、电路工作原理

（一）闭合总电源

闭合总电源【QF1】，闭合变压器电源开关【QF2】变压器得电，闭合保护器电源开关【QF3】保护器得电进入待运行状态。

（二）电动机高速运行及停止

1. 高速（6极）运行启动

将保护器面板上的拨动开关拨到高速的位置，按下配电箱右侧"绿色"无源常开脉冲触点或保护器面板上的"绿色"按钮，回路1→2→0号线闭合，交流接触器KM1线圈得电，3→4线间KM1常闭触点断开，与交流接触器KM2实现互锁，KM1交流接触器主触头闭合，接通电动机U1、V1、W1端子，电动机连续运行。

2. 高速运行停止

按下配电箱右侧"红色"无源常开脉冲触点或保护器面板上的"红色"按钮，回路1→2→0断开，交流接触器KM1线圈失电，3→4线间KM1常闭触点闭合，交流接触器KM1主触头断开，电动机停止运行。

（三）电动机低速运行及停止

1. 低速（8极）运行启动

将保护器面板上的拨动开关拨到低速的位置，按下配电箱右侧"绿色"无源常开脉冲触点或保护器面板上的"绿色"按钮，回路3→4→0号线闭合，交流接触器KM2线圈得电，1→2线间KM2常闭触点断开，与交流接触器KM1实现互锁，KM2交流接触器主触头闭合，接通电动机U2、V2、W2端子，电动机连续运行输出。

2. 低速运行停止

按下配电箱右侧"红色"无源常开脉冲触点或保护器面板上的"红色"按钮，回路3→4→0断开，交流接触器KM2线圈失电，1→2线间KM1常闭触点闭合，交流接触器KM2主触头断开，电动机停止运行。

四、保护功能

（一）断相保护

当电源任一相电流为零时，短时间内保护器跳闸，断开主交流接触器KM线圈，主触头断开，电动机停止运行，此时"断相"指示灯亮。

（二）过载保护

电动机实际电流大于额定电流1.3倍，保护器跳闸。过载保护采用反时限过载保护，主交流接触器KM线圈失电，主触头断开，电动机停止运行，此时"过载"指示灯亮。

五、常见故障与处理

该电路常见故障与处理见表1-49。

表1-49 常见故障与处理

常见故障	原因	处理方法
按下绿色无源常开脉冲触点，电动机不能启动	(1) 主回路无电； (2) 交流接触器KM线圈损坏； (3) 保护器损坏； (4) 电动机损坏； (5) 接线错误； (6) 控制回路导线接触不良或导线断路； (7) 主回路导线接触不良或导线断路	(1) 检查三相电压是否正常； (2) 更换交流接触器KM线圈或更换交流接触器； (3) 更换保护器； (4) 更换电动机； (5) 检查接线是否正确； (6) 检查控制回路导线有无虚接、断路； (7) 检查主回路导线有无虚接、断路

电路20 YDBH-SSI-300A 电动机综合保护器控制的抽油机控制电路

续表

常见故障	原因	处理方法
按下红色无源常开脉冲触点，电动机不能停止	(1) 交流接触器 KM1 或 KM2 主或辅助触头粘连； (2) 保护器损坏	(1) 更换交流接触器主触头、辅助触头或更换交流接触器； (2) 更换保护器
保护器显示"断相"	(1) 电源缺相； (2) 交流接触器主触头故障； (3) 电动机损坏	(1) 检查电源电压是否正常； (2) 更换交流接触器； (3) 更换电动机
保护器显示"过载"	(1) 电流增大； (2) 保护器电流值设定过小； (3) 电动机损坏	(1) 查找电流增大原因； (2) 根据电动机额定电流，设定保护器过载动作电流值； (3) 更换电动机

电路 21　ZJB 抽油机井变频调速控制电路

电路简介

该电路采用多种运行方式以提高电路的可靠性，可根据生产需要或是工频/变频回路发生故障，也可利用工频/变频转换开关运行到另一回路。来电自启动功能适用于电力系统发生晃电情况下，来电自启动电路通过声音报警延时，延时后自动恢复断电前的运行方式，减少停产时间，提高生产效率；变频故障自动切工频功能，可实现当变频器自身发生故障后，自动切换到工频运行状态。在频率调整方面有以下三种方式：一是通过外部电位器手动调节；二是在自动调节档位，通过操作面板上、下键调节；三是通过时间继电器 KT2 实现上下冲程的不同时间调节，提高电路的适应能力。

一、原理图

ZJB 抽油机井变频调速控制电路如图 1-22 所示。

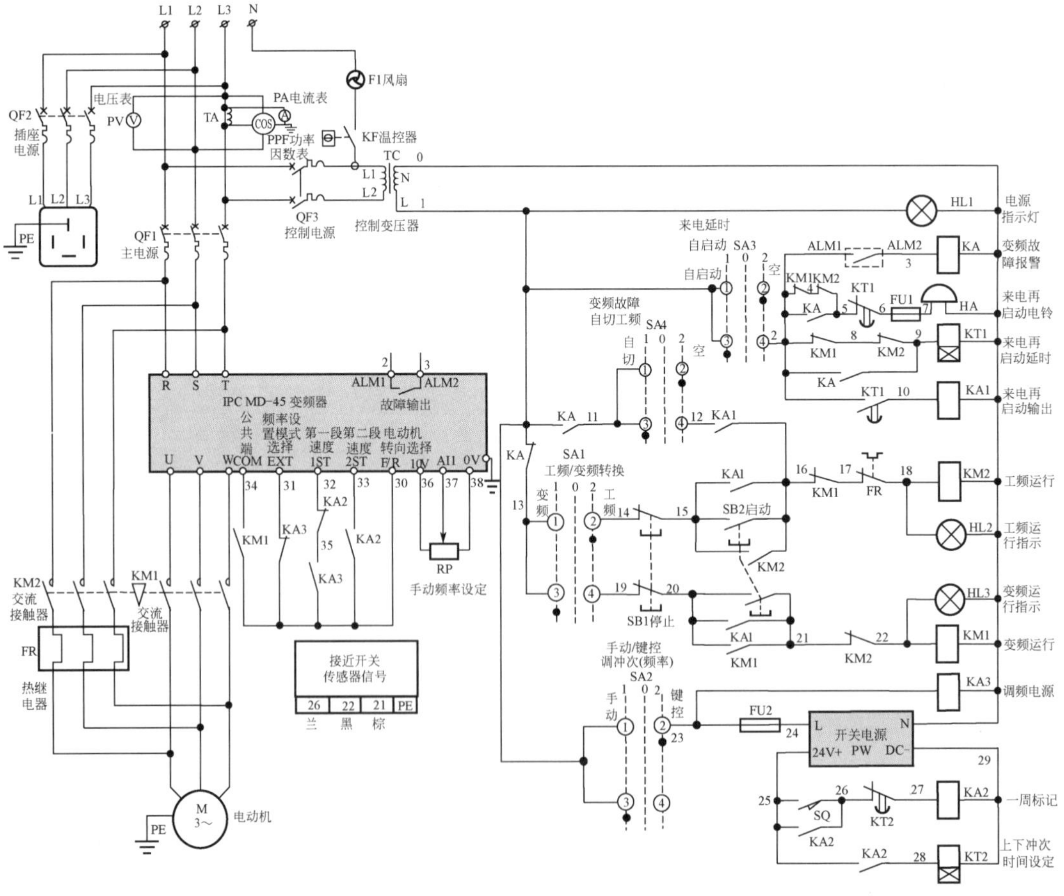

图 1-22　ZJB 抽油机井变频调速控制电路原理图

电路 21　ZJB 抽油机井变频调速控制电路

二、电器元件及功能

该电路的电器元件及功能见表 1-50。

表 1-50　电器元件及功能明细表

文字符号	名称	型号	电器元件在该电路中的作用
VFD	变频器	IPCMD-45-4	在电路中起降低启动电流，接受智能监控工作指令并执行，实现节能、软启、软停、电动机转速调整和无级调整冲次的功能
QF1	断路器	CDM1-225L/3300	电源总开关，在主电路中起控制兼保护作用
QF2	断路器	DZ47-63 D32	备用外接插座电源开关
QF3	断路器	DZ47-63 D10	控制回路开关，在电路中起控制兼保护作用
KM1	交流接触器	CJ20-160	变频运行接触器，控制电动机变频启动与停止作用，与工频输出接触器 KM2 内装有机械联锁模块，以实现机械联锁
KM2	交流接触器	CJ20-160	工频运行接触器，控制电动机工频启动与停止作用，与变频输出接触器 KM1 内装有机械联锁模块，以实现机械联锁
FR	热继电器	JR36-160	电动机过载保护
KA	中间继电器	MY4NJ（触头） PYF08A-E（底座）	变频故障报警，接通工频回路，切断变频回路
KT1	时间继电器	H3Y-2（触头） PYF08A-E（底座）	来电再启动延时
KT2	时间继电器	H3Y-2（触头） PYF08A-E（底座）	设定抽油机一周期时间
SB1	停止按钮	红色 LAY7	工频/变频停止
SB2	启动按钮	绿色 LAY7	工频/变频启动
SA1	转换开关	LAY7	工频/变频功能转换
SA2	转换开关	LAY7	手动/键控调冲次开关
SA3	转换开关	LAY7	来电延时启选择开关
SA4	转换开关	LAY7	变频故障自动切换工频开关
KF	温控器	WKB-80	控制强制风扇的温度范围
RP	电位器	WXD3-1347K	调节变频器输出频率
F1	风扇	5915PC-23T-B30	柜内强制散热风扇
TA	互感器	LMZJ1-0.5150/5	将大电流转换成仪表用小电流
PA	电流表	6L2-A	电路线电流指示
PV	电压表	6L2-V	电路线电压指示
PPF	功率因数表	6L2-COS	电路功率因数指示
SQ	接近开关（选装件）	FA12-4LA	抽油机初始位置和一周标志
HL1	指示灯	红色 AD11-22B/41	电源指示灯
HL2	指示灯	绿色 AD11-22B/41	工频运行指示灯
HL3	指示灯	绿色 AD11-22B/41	变频运行指示灯
M	电动机	三相异步电动机	将电能转变为机械能

三、变频器参数设置

按键功能运行监控模式下有效的按键设置见表1-51。

表1-51 按键功能运行监控模式下有效的按键设置

按键	功能
频率	显示变频器实际输出频率,单位Hz 举例:32.00,即变频器实际输出频率为32Hz
上冲程	显示变频器上冲程设定频率,单位Hz 举例:33.3,即由键盘或电位器确定的上冲程设定频率为33.3Hz。此时按【▲】与【▼】键能修改该设定值
下冲程	显示变频器下冲程设定频率,单位Hz 举例:28.0,即由键盘或电位器确定的下冲程设定频率为28.0Hz。此时按【▲】与【▼】键能修改该设定值
监控	显示变频器监控变量,监控变量的显示以字母开头,标识不同监控变量,正常运行时按本键,则显示直流母线电压(U∗∗∗),此时按"切换"按键就能循环显示其他监控变量。当发生故障使变频器旁路,显示"PASS"时,按本键则显示导致旁路具体故障,如"UU1"等
切换	仅当按了【监控】键后,该键操作才有效,每按一次本键,则更换一个监控变量,具体监控变量如下: (1)变频器直流母线电压,单位V。举例:U537,即变频器内部直流母线的电压为537V。 (2)变频器输出电流,单位A。举例:C10.6,即实际测量到的输出相电流为10.6A。 (3)变频器输出线电压,单位V。举例:L336,即变频器实际输出线电压为336V。 (4)变频器当前设定频率,单位Hz。举例:F32.6,即变频器当前设定频率为32.6Hz。 (5)变频器标称电压与标称功率,单位10^2V与kW。举例:3.30,第一个数字3表示变频器标称电压为380V,最后两个数字表示变频器标称功率为30kW
显示灯	指示含义
上冲程	指示1ST与COM短接,表示变频器进入运行状态
下冲程	指示2ST与COM短接,表示变频器进入运行状态
监控	指示按下了【监控】按键,能观察变频器相关运行变量
参数	进入了能修改变频器内部常数的状态

参数代码及设置见表1-52。

表1-52 参数代码及设置

参数代码	参数设置
1-∗.∗	变频器加速度时间常数,单位是Hz/s。举例:"1-2.5",即加速度是2.5Hz/s。该参数变化范围是0.5~9.9Hz/s。一般而言,变频器功率越大,该参数设置越小。变频器出厂时,变频器容量小于37kW,本参数缺省设为5.0,即从0Hz加速到50Hz的时间为10s;变频器容量大于37kW(包括37kW),本参数缺省设为2.5,即从0Hz加速到50Hz的时间为20s
2-∗∗	上冲程最高允许输出频率,单位是Hz。举例:"2-60",即上冲程最高允许输出频率为60Hz。该参数变化范围是60~83Hz。变频器出厂时,本参数缺省设为60
3-∗∗	下冲程最高允许输出频率,单位是Hz。举例:"3-68",即下冲程最高允许输出频率为68Hz。该参数变化范围是60~83Hz。变频器出厂时,本参数缺省设为60
4-∗.∗	启动转矩补偿设定,单位是%。举例:"4-3.2",即启动转矩补偿值是3.2%。该参数变化范围是1.2%~9.9%。变频器出厂时,本参数缺省设为3.2。一般而言,电动机的启动负荷越大,该值可以设大些,以保证电动机能正常启动
5-∗	变频器设定频率的输入方式。0:设定频率由数字式操作器输入;1:设定频率由变频器主板上的两个电位器输入。变频器出厂时,本参数缺省设为0,即只能用数字式操作器改变频率设定值

续表

参数代码	参数设置
6-*	最近一次导致变频器切换至工频旁路的故障代码。1：OC；2：OL；3：OE；4：LU；5：UU1；6：OH。变频器出厂时，本参数缺省为0，按【▲】或【▼】键，则清除该故障记录
7-*	自动上下冲程识别。0：不允许上下冲程识别；1：允许上下冲程自动识别。在该控制方式下，变频器判断抽油机处于上冲程，则自动以上冲程频率为设定频率；判断抽油机处于下冲程，则自动以下冲程频率为设定频率。此时1ST或2ST必须有一个与CM短路，作为启动运行命令，但是1ST与2ST没有选择上冲程或下冲程功能。变频器出厂时，本参数缺省设为0，即自动识别无效
COM	公共端子
1ST	第一段速度（对应转速由键盘按键【上冲程】或电位器V1S设定），0~60Hz
2ST	第二段速度（对应转速由键盘按键【下冲程】或电位器V2S设定），0~60Hz。如果1ST与2ST同时闭合，变频器设定频率取V1S、V2S中大的一个
EXT	转速由外部AI1模拟输入设定，0~60Hz 如果1ST、2ST、EXT同时闭合，则变频器设定频率由AI1模拟输入设定，即EXT级别高于1ST和2ST；如果1ST、2ST、EXT同时断开，则变频器设定频率为0，即变频器无输出
F/R	电动机转向选择（正转或反转），该信号断开，对应正转；该信号闭合，对应反转
AG	模拟信号输出公共端
AI1	外部模拟输入1（0~10V），若EXT与COM短接，该信号决定变频器设定频率"0~10V"对应"0~60Hz"
AI2	外部模拟输入2（0~10V）
AM	模拟输出"0V~10V"对应变频器实际输出频率"0~60Hz"
+10V	+10V稳压电源（最大输出电流50mA）
ALM1	报警点输出（可以作为工频电源旁路接点）
ALM2	ALM1—ALM2是常开触点

四、电路工作原理

（一）闭合总电源及参数设置

（1）闭合总电源【QF1】，变频器输入端R、S、T上电，交流接触器KM2主触头上端带电，根据参数表设置变频器参数；

（2）闭合控制电源【QF3】，控制回路得电，电源指示灯HL1亮。

（二）工频启动与停止

1. 工频启动

将工频/变频转换开关【SA1】转至工频位置，端子①→②接通，③→④断开，按下启动按钮【SB2】，回路经1→13→14→15→16→17→18→0闭合，工频接触器KM2线圈得电，主回路中KM2主触点闭合，电动机工频运行，工频运行指示灯HL2亮。

同时回路15→16线间KM2常开触点闭合自锁，21→22线间KM2常闭触点断开，断开变频控制回路，与变频接触器KM1实现电气联锁。回路4→5线间、8→9线间KM2常闭触点断开。

2. 工频停止

按下停止按钮【SB1】，回路14→15断开，KM2线圈失电，回路15→16线间KM2常开触点断开，21→22 线间 KM2 常闭触点复位，同时 KM2 主触点断开，电动机停止运行，工频运行指示灯 HL2 熄灭。

3. 来电延时自启动

当来电延时自启动开关【SA3】闭合，端子③→④接通，工频运行方式下，当线路发生晃电或停电再来电后，KM2 线圈失电。回路 4→5、8→9 线间间 KM2 常闭触点释放。回路经 1→2 线间【SA3】闭合，时间继电器 KT1 线圈得电开始延时，回路 1→2→4→5→6→7→0 形成，接通电铃 HA，发出报警声音并延时。当 KT1 延时时间到达后，回路 2→10 线间 KT1 延时闭合常开触点闭合，中间继电器 KA1 线圈得电，回路 15→16 线间 KA1 常开触点闭合，回路经 1→13→14→15→16→17→18→0 闭合，KM2 线圈得电，恢复工频运行方式。同时经时间继电器 KT1 延时后 5→6 线间触头断开，电铃 HA 报警声音停止。

（三）变频启动与停止

1. 变频启动

将工频/变频转换开关【SA1】置于变频位置，端子③→④接通，①→②断开，按下启动按钮【SB2】，回路经 1→13→19→20→21→22→0 闭合，KM1 线圈得电，同时 KM1 主触点闭合。变频器 30→34 端子间 KM1 常开触点闭合，[F/R] 与 [COM] 接通，变频器输入启动信号，电动机变频运行，变频运行指示灯 HL3 亮。

同时，回路 20→21 线间 KM1 常开触点闭合自锁，16→17 线间 KM1 常闭触点断开，断开工频控制回路，与 KM2 接触器实现电气联锁。回路 2→4 线间、2→8 线间 KM1 常闭触点断开。

2. 频率设置

当手动/键控调频率（冲次）【SA2】置于"1"手动位置时，①→②断开，变频器 30→31 端子间经 KA3 常闭触点使 [F/R] 端子与 [EXT] 端子闭合，变频器外部频率给定信号确定，此时频率由变频器外置电位器 [RP] 给定，顺时针旋转旋钮为频率增加，反之减小。

当手动/键控调频率（冲次）【SA2】置于"2"键控位置时，①→②闭合，回路经 1→23→0 接通 KA3 线圈，变频器 30→31 端子间 KA3 常闭触点断开，此时为变频器内部频率给定模式。30→35 端子间 KA3 常开触点闭合，经 KA2 常闭触点短接 [F/R] 与 [1ST] 端子，此时频率由操作面板【▲】和【▼】键配合【上行】、【下行】键调节。

变频器以第一转速运行上行或下行时，如采用接近开关（选装件）【SQ】，由接近开关确定上行或下行起始位置，当接近开关触发后，回路 25→26→27→29 接通，KA2 线圈得电，回路 25→26 线间 KA2 常开触点闭合自锁，回路 32→35 线间 KA2 常闭触点断开，[F/R] 与 [1ST] 断开，回路 30→33 线间 KA2 常开触点闭合，[F/R] 与 [2ST] 接通（多段速 2）。

变频器以第二速度上行或下行频率运行，回路 25→28 线间 KA2 闭合，时间继电器 KT2 线圈得电，延时到达后，回路 26→27 线间 KT2 延时断开常闭触点断开，KA2 线圈失电，回路 30→33 线间 KA2 常开断开，回路 35→32 线间 KA2 常闭恢复闭合，回路经 30→35→32 接通 [F/R] 与 [1ST] 端子，变频器以第一速度上行或下行运行（多段速 1）。

根据定时器 KT2 延时范围确定半周上行或下行的时间，接近开关 SQ 确定一周及起始位置。实现上行、下行不同频率的运行方式，有助于平衡抽油机载荷。

3. 变频故障自动切换工频

将工频/变频转换开关【SA1】置于变频，回路 13→19 接通。变频故障自动切换工频【SA4】开关闭合，端子③→④接通，回路 9→10 接通。来电延时自启动【SA3】闭合，回路 1→2 接通。当变频器内部故障输出［ALM1］、［ALM2］动作时，回路 2→3 线间报警端子［ALM1］、［ALM2］闭合，回路经 1→2→3→0 形成，中间继电器 KA 线圈得电。回路 2→5 线间、2→9 线间 KA 常开触点闭合，接通电铃 HA，发出报警声音并延时。时间继电器 KT1 线圈得电并延时，回路 1→13 线间 KA 常闭断开，变频回路断开，回路 1→11 线间 KA 常开触点闭合接通 1→11→12。

当 KT1 延时时间到达后，回路 5→6 线间 KT1 延时断开常闭触点断开，警铃关闭。同时，回路 2→10 线间 KT1 延时闭合常开触点闭合，中间继电器 KA1 线圈得电，回路 12→16 线间 KA1 常开触点闭合，回路经 1→11→12→16→17→18→0 闭合，KM2 线圈得电，恢复工频运行方式。

注：变频故障自动切换工频功能必须与变频运行、来电延时再启动一起使用，单独使用变频故障自动切换工频无效。

4. 来电延时自启动

当来电延时自启动开关【SA3】闭合，端子③→④接通，变频运行方式下，当线路发生晃电或停电再来电后，KM1 线圈失电，回路 2→4 线间、2→8 线间 KM1 常闭触点释放，接通电铃 HA，发出报警声音并延时。时间继电器 KT1 线圈得电。

当 KT1 延时时间到达后，回路 2→10 线间 KT1 延时闭合常开触点闭合，中间继电器 KA1 线圈得电，回路 20→21 线间 KA1 常开触点闭合，回路经 1→13→19→20→21→22→0 闭合，KM1 线圈得电，恢复变频运行方式。同时，回路 5→6 线间 KT1 延时断开常闭触点断开，警铃关闭。

5. 变频停止

按下停止按钮【SB1】，回路 19→20 断开，KM1 线圈失电，20→21 线间 KM1 常开触点断开，变频器控制端子［COM］与［2ST］、［1ST］断开，变频器速度信号断开，回路 16→17 线间 KM1 常闭触点复位，同时 KM1 主触点断开，电动机停止运行，变频运行指示灯 HL3 熄灭。

五、保护功能

（一）工频运行状态下

热继电器 FR 为电动机的过载保护，当电动机发生过载，达到热继电器的整定值并积累一定时间后，控制回路 17→18 线间热继电器辅助常闭触点断开，KM2 线圈失电，主回路 KM2 主触头断开，电动机停止运行。

QF1 为电动机的短路、欠压和过流保护。控制回路中，主要依靠 QF3 来实现短路及过载保护。

（二）变频运行状态下

电源发生缺相、欠压、电动机发生短路、过载及变频器内部发生过热、过流等故障，变频器的输出端子［ALM1］→［ALM2］由常开状态转为闭合状态，经回路 1→2→3→0 变频器报警中间继电器 KA 动作，控制回路中 1→13 线间 KA 常闭触点断开，KM1 线圈失电，KM1 主触头断开，变频器回路 30→34 线间 KM1 常开触点断开，变频器运行信号断开，并报相关故障码，显示在数码屏上，电动机停止运行。

QF1 为主电路的短路、欠压和过流保护。控制回路中，主要依靠 QF3 来实现短路及过载保护。

六、常见故障与处理

该电路常见故障与处理见表 1-53。

表 1-53 常见故障与处理

常见故障	故障原因	处理方法
工频、变频都不启动	电源	电源是否缺相
	控制回路故障	控制回路电源
		启停按钮故障更换
		工频/变频转换开关
工频不启动，变频正常	工频控制回路故障	工频/变频转换开关
		电动机保护器
		工频交流接触器
		变频交流接触器常闭触点
变频不启动，工频正常	参数设置不正确	检查参数设置
	变频控制回路	工频/变频转换开关
		KA 中间继电器
		变频交流接触器
		工频交流接触器常闭触点
	变频器坏	维修或更换
液晶面板没有显示	变频器到液晶面板连接线掉线	检查变频器到液晶面板连接线
	液晶面板坏	更换液晶面板
电位器无法调节冲次	模式选择	运行模式是否在"0"模式
运行欠压	输入电压异常或运行时掉电	查看输入电源或接线
	有重负载冲击	查看负载、有可能过载或不平衡
	输入缺相	查看电源电压
	输出缺相	检出接触器与主接线拧接是否牢固
	变频器充电接触器损坏或插件松动	查看内部接触器及插件
过载、过流	电动机绝缘或相间短路	用摇表测量相间绝缘查看是否有短接现象
	查看机械连动	查看是否机械机械连接脱扣松动
	查看配重平衡	调节平衡
	查看过载参数设置是否正确	变频器电动机保护器设置
	负载工况	有可能瞬间负载过重，需要洗井

第二章
螺杆泵抽油机井与电泵井常见控制电路

电路 22　SW-ZQZY 型螺杆泵直接驱动装置专用柜控制电路

电路简介

该电路采用转换开关控制工频/变频运行切换，变频器主电源由断路器直接输入，电路由 1 只转换开关、2 只接触器和 4 只按钮组成控制电路，其中工频及变频运行由 4 只按钮分别直接控制，降低了电路的故障率。

一、原理图

SW-ZQZY 型螺杆泵直接驱动装置专用柜控制电路如图 2-1 所示。

二、电器元件及功能

该电路的电器元件及功能见表 2-1。

第二章 螺杆泵抽油机井与电泵井常见控制电路

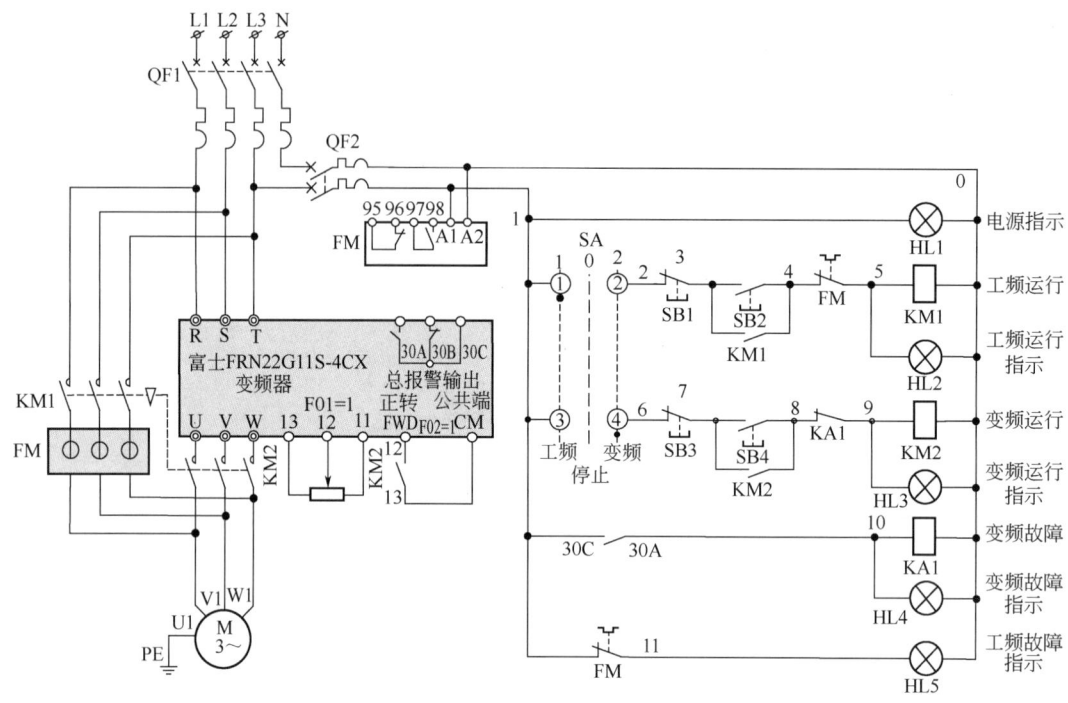

图 2-1　SW-ZQZY 型螺杆泵直接驱动装置专用柜控制电路原理图

表 2-1　电器元件及功能明细表

文字符号	名称	型号	电器元件在电路中的作用
VFD	变频器	富士 FRN22 G11S-4CX 变频器	在电路中起降低启动电流，接受智能监控工作指令并执行，实现节能、软启、软停、电动机转速调整和无级调整冲次的功能
QF1	塑料外壳式断路器	DZ47-125C80	电源总开关，在主电路中起控制兼保护作用
QF2	断路器	DZ47C60	控制回路开关，在电路中起控制兼保护作用
KM1	交流接触器	CJX2 50/11	工频运行接触器，控制电动机工频启动与停止作用，与变频输出接触器 KM2 内装有机械联锁模块，以实现机械联锁
KM2	交流接触器	CJX2 50/11	变频运行接触器，控制电动机变频启动与停止作用，与工频输出接触器 KM1 内装有机械联锁模块，以实现机械联锁
FM	电动机综合保护器	SJDB-XTB/Y	工频运行时对电动机过载、过流、断相进行有效保护并对电动机工频运行提供过载、过流、缺相、堵转、短路、过压、欠压、漏电、三相不平等保护作用
SB1	按钮	A22-EK10（红色）	工频停止按钮
SB2	按钮	A22-EK10（绿色）	工频启动按钮
SB3	按钮	A22-EK01（红色）	变频启动按钮
SB4	按钮	A22-EK01（绿色）	变频停止按钮
SA	转换开关	A22-EK10	工频/变频功能转换
HL1	指示灯	A22-EFR	电源指示灯
HL2	指示灯	接 SB2 内灯珠	工频运行指示灯
HL3	指示灯	接 SB3 内灯珠	变频运行指示灯
HL4	指示灯	接 SB2 内灯珠	变频故障指示灯
HL5	指示灯	接 SB3 内灯珠	工频故障指示灯
M	电动机	JR36-100	将电能转换成机械能，带动负载运行

三、变频器主要参数表

变频器相关端子及参数功能含义见表2-2。

表2-2 变频器主要参数表

序号	电路图中所用端子名称	功能	功能代码	设定数据	设定值含义说明
1		数据保护	F00	0	由此功能可保护已设定在变频内的数据，使之不能容易改变，在更改功能代码F00的数据时，需要双键操作【STOP】键+【▲】或【▼】键。 0：可改变数据；1：不可改变数据（数据保护）
2		数据初始化	H03	1	将功能代码的数据恢复到出厂时的设定值，在更改功能代码H03=1的数据时，需要双键操作【STOP】键+【▲】或【▼】键
3	11 12 13	频率设定1	F01	1	11：模拟输入信号公共端 12：设定电压输入0~+10V/0~±100（%）端子 13：电位器用电源+10V DC端子 F01含义为选择频率设定的设定方法：F01=1，当设定值为1时，按照外部发出的模拟量电压输入指令值进行频率设定，包括电压输入和外置电位器输入均选择为1
4	CM：数字输入公共	运行操作	F02	1	F02含义为选择运转指令的设定方法：F02=1，当设定值为1时，由外部信号FWD（正）/REV（反）输入运行命令，即端子FWD、REV-CM间闭合为正/反转运行，断开为减速停止

四、电路工作原理

（一）闭合总电源及参数设置

闭合总电源【QF1】，KM1上端、变频器输入端R、S、T带电。闭合控制电源【QF2】，控制回路得电。根据参数表设置变频器参数。

（二）变频启动与停止

1. 变频启动

将工/频转换开关【SA】切换至变频状态，SA的③→④接点闭合，①→②接点断开。按下变频启动按钮SB4，回路经1→6→7→8→9→0闭合，KM2线圈得电，其7→8号线间常开触点KM2闭合自锁，KM2主触头闭合。同时12→13号线闭合接通变频器的正转FWD和公共端端子CM，变频器U、V、W输出，电动机正转运行。

运行频率由外置电位器进行调节，变频器控制面板运行指示灯亮，显示信息为【RUN】。变频运行指示灯HL3亮。

2. 变频停止

按下变频停止按钮【SB3】，回路6→7断开，KM2线圈失电，7→8号线间KM2常开触点断开解除自锁，KM2主触头断开。同时12→13触点断开变频器的正转FWD和公共端端子 CM，变频器 U、V、W 停止输出，电动机停止运行。变频器控制面板运行指示灯熄灭，显示信息为【STOP】。变频运行指示灯 HL3 熄灭。

（三）工频启动与停止

1. 工频启动

将工/频转换开关【SA】切换至工频状态，SA 的①→②接点闭合，③→④接点断开。按下工频启动按钮【SB2】，回路经 1→2→3→4→5→0 号线闭合，KM1 线圈得电，其 3→4 常开触点 KM1 闭合自锁，同时 KM1 主触头闭合，电动机正转运行。工频运行指示 HL2 灯亮。

2. 工频停止

按下工频停止按钮【SB1】，回路 2→3 断开，KM1 线圈失电，其 3→4 号线间 KM1 常开触点断开，同时 KM1 的主触头断开，电动机停止运行。工频运行指示 HL2 灯熄灭。

五、保护功能

工频状态下，当电路、电动机发生短路、过载故障后电动机保护器 FM 动作，其 4→5 号线间 FM 的常闭触点断开，切断控制回路，KM1 线圈失电，主触头断开，电动机停止运行。同时 1→11 线号间 FM 的常开触点闭合，工频故障指示灯 HL5 亮，发出故障指示。

变频状态下变频器发生故障时，其 1→10 号线间 30A、30C 常开触点闭合，回路经 1→10→0 闭合，KA1 线圈得电，8→9 号线间 KA1 的常闭触点断开，KM2 线圈失电，HL3 变频运行指示灯熄灭。同时 12→13 号线间接点断开变频器的正转 FWD 和公共端端子 CM，主触头断开，变频器 U、V、W 停止输出，电动机停止运行。变频故障指示灯 HL4 亮，发出故障指示。

六、常见故障与处理

该电路常见故障与处理见表 2-3。

表 2-3 常见故障与处理

故障现象	原因	检查处理
变频不启动	电源	电源是否缺相
	控制回路故障	控制回路电源
		启停按钮故障更换
		变频交流接触器常闭触点
	参数设置不正确	检查参数设置
	变频器坏	维修或更换
液晶面板没有显示	变频器到液晶面板连接线掉线	检查变频器到液晶面板连接线
	液晶面板坏	更换液晶面板
电位器无法调节	模式选择	运行模式是否在"1"模式
运行欠压	输入电压异常或运行时掉电	查看输入电源或接线
	有重负载冲击	查看负载、有可能过载或不平衡
	输入缺相	查看电源电压

电路22 SW-ZQZY型螺杆泵直接驱动装置专用柜控制电路

续表

故障现象	原因	检查处理
运行欠压	输出缺相	检出接触器与主接线拧接是否牢固
	变频器充电接触器损坏或插件松动	查看内部接触器及插件
过载、过流	电动机绝缘或相间短路	用摇表测量相间绝缘查看是否有短路现象
	查看机械连动	查看是否机械连接脱扣松动
	负载工况	有可能瞬间负载过重,需要洗井

电路 23　三恳 VM06 变频器螺杆泵井控制电路

电路简介

该电路由三恳变频器控制，由转换开关切换工频/变频运行，通过面板电位器调节频率改变电动机转速，实现方便调参功能。电路由工频/变频两套各自独立保护：变频运行保护通过变频器检测变频器及电动机运行状态，并且通过故障输出端子切断运行电路。工频保护通过电动机综合保护器检测设备运行状态，对电动机实现断相保护、过载保护、过压保护、欠压保护功能。

一、原理图

三恳 VM06 变频器螺杆泵井控制电路如图 2-2 所示。

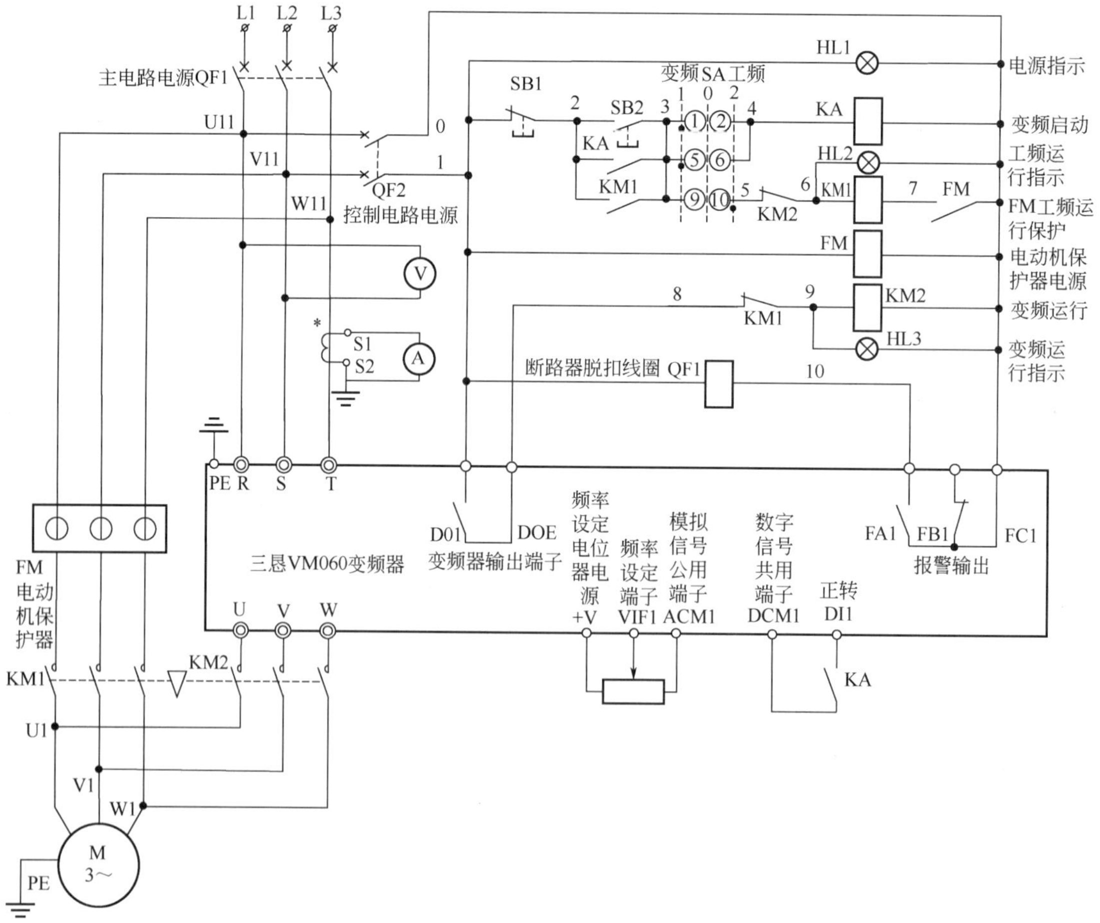

图 2-2　三恳 VM06 变频器螺杆泵井控制电路原理图

二、电器元件及功能

该电路的电器元件及功能见表 2-4。

表 2-4 电器元件及功能明细表

文字符号	名称	型号	电器元件在该电路中的作用
VFD	变频器	三恩 VM06	在电路中起降低启动电流,接受智能监控工作指令并执行,实现节能、软启、软停、电动机转速调整和无级调整冲次的功能
QF1	断路器	NM1-250H/3	电源总开关,在主电路中起控制兼保护作用
QF2	断路器	DZ47-60	控制回路开关,在电路中起控制兼保护作用
KM1	交流接触器	CFC2-4011	工频运行接触器,控制电动机工频启动与停止作用,与变频输出接触器 KM2 内装有机械联锁模块,以实现机械联锁
KM2	交流接触器	CFC2-4011	变频运行接触器,控制电动机变频启动与停止作用,与工频输出接触器 KM1 内装有机械联锁模块,以实现机械联锁
KA	中间继电器	ZJ7-44	控制变频器输出的启动与停止
FM	电动机综合保护器	JD-5	工频运行时对电动机过载、过流、断相进行有效保护,对电动机工频运行提供过载、过流、缺相、堵转、短路、过压、欠压、漏电、三相不平等保护作用
CT	电流互感器	BH-0.66 100/5A	交流电路中的大电流转换为一定比例的小电流(我国标准为 5A),以供测量和继电保护用
SB1	停止按钮	红色 LA38-11	在电路中起断开控制回路作用
SB2	启动按钮	绿色 LA38-11	在电路中起接通控制回路作用
SA	转换开关	LW8-10-D101/1	工频/变频转换选择
PA	电流表	6L2-A 150/5	监测负荷电流
PV	电压表	6L2-V 450V	监测工作电压
HL1	指示灯	绿色 AD16-22D/380V	电源指示
HL2	指示灯	红色 AD16-22D/380V	工频运行指示
HL3	指示灯	红色 AD16-22D/380V	变频运行指示
M	电动机	三相异步电动机	将电能转变为机械能

三、三恩变频器参数设置及工频保护器电流设定

(一)三恩变频器参数设置

三恩变频器参数见表 2-5。

表 2-5 三恩变频器参数表

功能	功能代码	设定数据	设定值含义说明
运转指令选择	F1101	2	1:操作面板;2:外部端子;3:通信
启动方式	F1102	1	1:由启动频率启动;2:转速跟踪启动;3:直流制动后由启动频率启动

续表

功能	功能代码	设定数据	设定值含义说明
上限频率	F1007	60Hz	设定范围：5~599Hz
下限频率	F1008	0.05Hz	设定范围：0.05~200Hz
启动频率	F1103	1Hz	设定范围：0.05~60Hz
运转开始频率	F1104	0Hz	设定范围：0~20Hz
电动机旋转方向	F1110	1	1：正转；2：反转
增益频率（VIF1）	F1402	60Hz	0~±600Hz（5V 或 10V 或 20mA 的频率）
输入端子 D01 定义	F1509	1	0：未使用；1：运转中；2：欠压；49：反转检测信号
FA1 FB1 FC1			异常报警信号输出和多功能接点。输出报警接点选择时：正常时，FA1-FC1 开，FB1-FC1 闭；异常时，FA1-FC1 闭，FB1-FC1 开
输入端子 DI1 定义	F1414	1	0：未使用；1：FR；2：RR；253~255：工厂调整用

注：除表中的参数外其他参数应根据现场负载的实际要求设定或使用变频器的出厂默认值设定。

（二）工频保护器电流设定

(1) 将保护器上的数字拨码器按当前电动机运行功率的额定电流设定。例如，当前电动机运行功率 30kW、额定电流 60A，把工频保护器的拨码数字设定为 060 对应显示窗口或根据额定电流设定。

(2) 工频过载保护：过载保护采用反时限过流保护，保护特性见表 2-6。

表 2-6　工频过载保护

额定电流倍数	<1.1	1.2	1.5	2	3	4	5	6	7	8	≥9
动作时间，s	不动作	80	40	20	10	5	3	2	1	0.5	0.3

(3) 工频保护器缺相及相电流不平衡保护：当缺项一相或相电流平衡度<60%时，动作时间 2s。

四、电路工作原理

（一）闭合总电源及参数设置

(1) 闭合总电源【QF1】：变频器输入端 R、S、T 上电，根据参数表设置变频器参数及电动机保护器参数；

(2) 闭合控制电源【QF2】：控制回路得电，HL1 电源指示灯亮，电动机保护器 FM 线圈得电，回路 7→0 线间 FM 常开触点闭合。

（二）工频启动与停止

1. 工频启动

将工频/变频转换开关【SA】转至工频位置，按下启动按钮【SB2】，回路经 1→2→3→5→6→7→0 闭合，KM1 线圈得电，回路 2→3 线间 KM1 常开触点闭合自锁，控制回路中 8→9 线间 KM1 常闭触点断开，断开变频控制回路，与 KM2 接触器实现机械联锁。同时主回路中 KM1 主触点闭合，电动机工频运行，工频运行指示灯 HL2 亮。

2. 工频停止

按下停止按钮【SB1】，回路 1→2 断开，KM1 线圈失电，2→3 线间常开触点断开，8→

9 线间 KM1 常闭触点复位，同时 KM1 主触点断开，电动机停止运行，工频运行指示灯 HL2 熄灭。

（三）变频启动与停止

1. 变频启动

（1）将工频/变频转换开关【SA】转至变频位置，按下启动按钮【SB2】，回路经 1→2→3→4→0 闭合，KA 线圈得电，回路 2→3 线间 KA 常开触点闭合自锁，变频器输入端子 DI1 与公共端端子 DCM1 间的 KA 常开触点闭合。

（2）变频器输出端子 DO1→DOE 闭合，回路经 1→8→9→0 闭合，KM2 线圈得电。同时主回路中 KM2 主触点闭合，电动机变频运行。

（3）回路中 5→6 线间 KM2 常闭触点断开，断开工频控制回路，与 KM1 接触器实现机械联锁。

（4）运行频率由外部电位器信号给定。变频器控制面板运行指示灯亮，显示信息为[RUN]，变频运行指示灯 HL3 亮。

2. 变频停止

按下停止按钮【SB1】，回路 1→2 断开，中间继电器 KA 线圈失电，回路中 2→3 线间 KA 的常开触点断开，变频器输入端子 DI1 与公共端端子 DCM1 间的 KA 常开触点断开，变频器停止输出，变频器的 DO1→DOE 输出端子断开，接触器 KM2 线圈失电，回路 5→6 线间 KM2 常闭触点复位，同时 KM2 主触点断开，抽油机停止运行。变频器控制面板运行指示灯熄灭，显示信息为[STOP]，变频运行指示灯 HL3 熄灭。

五、保护功能

（一）工频运行状态下

电动机发生短路、过载、断相、过压、欠压、故障后电动机保护器 FM 动作，回路 7→0 线间 FM 常开触点断开，接触器 KM1 线圈失电，主触点断开，电动机停止运行。

（二）变频运行状态下

电动机发生短路、过载故障后，变频器的输出端子 FA1→FC1 动作，故障报警输出，控制回路中 1→10 线间 QF1 断路器脱扣线圈得电，主电路电源 QF1 跳闸，电动机停止运行。

六、常见故障与处理

该电路常见故障与处理见表 2-7。

表 2-7 常见故障与处理

故障现象	可能原因	处理方法
工频、变频都不启动	电源	电源是否缺相
	控制回路故障	控制回路电源
		启/停按钮故障更换
		工频/变频转换开关
工频不启，变频正常	工频控制回路故障	工频/变频转换开关
		电动机保护器

第二章 螺杆泵抽油机井与电泵井常见控制电路

续表

故障现象	可能原因	处理方法
工频不启，变频正常	工频控制回路故障	工频交流接触器
		变频交流接触器常闭触点
变频不启，工频正常	参数设置不正确	检查参数设置
	变频控制回路	工频/变频转换开关
		KA 中间继电器
		变频交流接触器
		工频交流接触器常闭触点
	变频器坏	维修或更换
液晶面板没有显示	变频器到液晶面板连接线掉线	检查变频器到液晶面板连接线
	液晶面板坏	更换液晶面板
电位器无法调节冲次	模式选择	运行模式是否在"0"模式
运行欠压	输入电压异常或运行时掉电	查看输入电源或接线
	有重负载冲击	查看负载有可能过载或不平衡
	输入缺相	查看电源电压
	输出缺相	检查接触器与主接线拧接是否牢固
	变频器充电接触器损坏或插件松动	查看内部接触器及插件
过载、过流	电动机绝缘或相间短路	用摇表测量相间绝缘查看是否有短路现象
	查看机械连动	查看是否机械连接脱扣松动
	查看配重平衡	调节平衡
	查看过载参数设置是否正确	变频器电动机保护器设置
	负载工况	有可能瞬间负载过重，需要洗井

电路 24　TDSV 变频器螺杆泵井控制电路

电路简介

该电路由外部控制电路实现工频/变频转换电路，电路采用转换开关控制中间继电器，利用中间继电器常开及常闭触点完成对工频/变频接触器的控制，以实现对电路的工频转变频、变频转工频运行切换。并且在工频及变频电路中独立安装了一只急停按钮以实现对电动机和变频器的独立保护，而且整个电路采用了 1 只转换开关、2 只接触器和 5 只按钮组成控制电路，当变频器温度过高时，启动变频柜风机，降低了电路的故障率。通过变频器实现对电动机变频回路的断相保护、过载保护、过压保护、欠压保护功能。

一、原理图

TDSV 变频器螺杆泵井控制电路如图 2-3 所示。

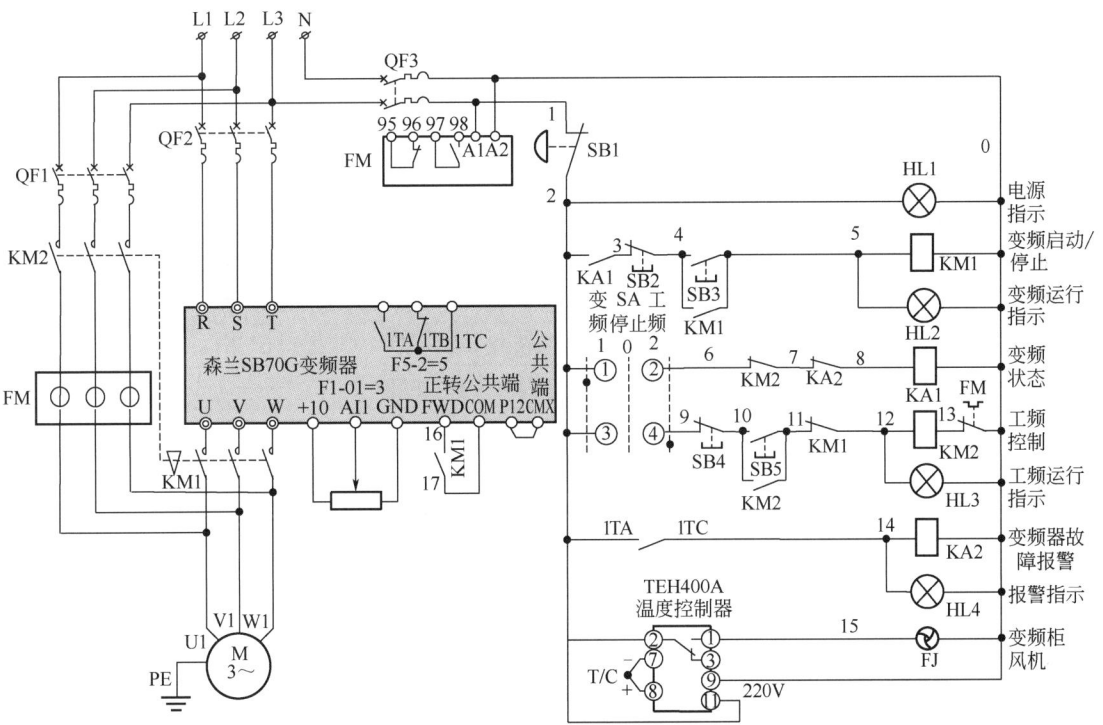

图 2-3　TDSV 变频器螺杆泵井控制电路原理图

TDSV 变频器接线方法是：
(1) 接线端子 R—S—T 为变频器电源进线侧，即 AC 380V；
(2) 接线端子 U—V—W 为变频器电源出线侧，接电动机；
(3) 接线端子 11—12—13 为外接变频器调速旋钮；
(4) 接线端子 FWD—CM 为外接变频器启动控制信号。

二、电器元件及功能

该电路的电器元件及功能见表 2-8。

表 2-8 电器元件及功能明细表

文字符号	名称	型号	电器元件在该电路中的作用
VFD	变频器	SB70G	在电路中起降低启动电流，接收智能监控工作指令并执行，实现节能、软启、软停、电动机转速调整和无级调整冲次的功能
QF1	断路器	NM1-250H/3	工频电源总开关，在主电路中起控制兼保护作用
QF2	断路器	NM1-250H/3	变频电源总开关，在主电路中起控制兼保护作用
QF3	断路器	DZ47-60	控制回路开关，在电路中起控制兼保护作用
KM1	交流接触器	NC2-115	变频器输出端接触器，连接变频输出主电源。与工频接触器 KM2 内装有机械联锁模块，以实现机械联锁
KM2	交流接触器	NC2-115	工频运行接触器，控制电动机工频启动与停止作用，与变频输出接触器 KM1 内装有机械联锁模块，以实现机械联锁
FM	电动机综合保护器	SJDB-XTB/Y	工频运行时对电动机过载、过流、断相进行有效保护，对电动机工频运行提供过载、过流、缺相、堵转、短路、过压、欠压、漏电、三相不平等保护作用
RP	电位器	1~5kΩ/2W 外置电位器	控制变频器运行频率
SA	转换开关	LW8-10-D101/1	工频/变频转换选择
SB1	急停按钮	LAY3-22/ZS/22	紧急停止作用
SB2	变频启动按钮	绿色 LA38-11	在电路中起接通变频控制运行回路作用
SB3	变频停止按钮	红色 LA38-11	在电路中起断开变频控制运行回路作用
SB4	工频启动按钮	绿色 LA38-11	在电路中起接通工频控制运行回路作用
SB5	工频停止按钮	红色 LA38-11	在电路中起断开工频控制运行回路作用
KF	温度控制器	TEH400A	在电路中起接通或断开变频风机作用
FJ	变频风机	5915PC-23T-B30	降低变频器温度作用
HL1	指示灯	绿色 AD16-22D/220V	电源指示作用
HL2	指示灯	绿色 AD16-22D/220V	变频运行指示
HL3	指示灯	绿色 AD16-22D/220V	工频运行指示
HL4	指示灯	红色 AD16-22D/220V	报警指示作用
M	电动机	三相异步电动机	将电能转变为机械能

三、变频器参数表

变频器相关端子参数见表 2-9。

表 2-9 变频器参数表

序号	端子名称	功能	功能代码	设定数据	设定值含义说明
1		用户密码设定	F0-15	0000	[0000] 含义为密码无效
2		参数写入保护	F0-10	0	[0] 的含义为全部参数允许改写： 0：不保护；1：F0-00、F7-04 除外；2：全保护

电路 24　TDSV 变频器螺杆泵井控制电路

续表

序号	端子名称	功能	功能代码	设定数据	设定值含义说明
3		参数初始化	F0-11	11	[11] 的含义为参数初始化； [22] 含义为初始化后通信参数仍被保留
4	+10V AI1 GND	普通运行 主给定通道	F0-01	3	[3] 的含义为运行时频率输入模拟量由 [AI1] 给定，即频率由外置电位器设定，该参数要配合 AI1 输入类型 F06-00 使用； [0] 的含义为面板【▲▼】键数字给定； [10] 的含义为面板电位器给定
5		运行命令 通道选择	F0-02	1	[1] 的含义为由外部端子控制运行指令，即通过外部端子进行正转、反转、停止运行命令的控制，【EXT】灯亮； [0] 的含义为操作面板时【EXT】灯灭，由操作面板控制启停
6		方向锁定	F0-09	1	[1] 的含义为锁定运行方向为正转运行；[FWD] 端子或 [REV] 端子与 [COM] 接通都是正转运行
7	FWD	FWD 端子 功能选择	F4-06	38	[38] 的含义为将 [FWD] 端子设置为正转运行功能
8		FWD/REV 运转模式	F4-08	0	[0] 的含义为 [FWD/REV] 运转模式为单线式（启停）正转运行：当 [FWD] 与 [COM] 端子接通，实现正转运行；断开即可以停机。 [0]：单线式（启停）S1 与 OFF； [1]：两线式 1 （SB1 正转、SB2 反转）； [2]：两线式 2 （SB1 启停、SB2 方向选择）； [3]：两线式 3 （SB1 启动、SB2 停止）； [4]：三线式 1 （SB1 正转、SB2 反转、SB3 停止）； [5]：三线式 2 （SB1 运行、SB2 方向选择、SB3 停止）
9	1TA 1TB 1TC	T1 多功能继电器输出	F5-02	5	[5] 的含义为故障输出：[1TB] 是公共端子，[1TA] 是常开端子，[1TC] 是常闭端子，当变频器检测到有故障或异常时 [1TA-1TB] 闭合、[1TB-1TC] 断开，变频器停止运行

四、电路工作原理

（一）闭合总电源及参数设置

（1）闭合工频电源【QF1】、变频器电源【QF2】，KM2、变频器输入端 R、S、T 带电，闭合控制电源【QF3】，控制回路得电，转换开关【SA】选择工频/变频状态。将急停按钮【SB1】复位，电源指示灯 HL1 亮。

（2）根据参数表设置变频器参数。

（二）变频启动与停止

1. 变频启动

（1）将工频/变频转换开关【SA】转至变频状态，SA 的①→②接点闭合，③→④接点断开。回路经 1→2→6→7→8→0 号线闭合，KA1 线圈得电，同时 2→3 号线的 KA1 的常开触点闭合。

（2）按下变频启动按钮【SB3】，回路经 1→2→3→4→5→0 号线闭合，KM1 线圈得电，其 4→5 号线的 KM1 常开触点闭合自锁，主触头闭合。同时 16→17 号线的 KM1 常开触点闭合接通变频器的正转 FWD 和公共端端子 COM，变频器 U、V、W 输出，电动机正转运行。

（3）运行频率由外置电位器进行调节（AI1 输入类型 F06-00＝0）。变频器控制面板运行指示灯【RUN】亮,【EXT】灯亮。变频运行指示灯 HL2 亮。

2. 变频停止

按下变频停止按钮【SB2】,回路 3→4 断开,KM1 线圈失电,其 4→5 号线的 KM1 常开触点断开解除自锁,主触头断开。同时 16→17 号线的 KM1 常开触点断开变频器正转 FWD 和公共端端子 COM,变频器 U、V、W 停止输出,电动机停止运行。变频器控制面板运行指示灯【RUN】闪烁熄灭,显示为电位器给定频率值。变频运行指示 HL2 灯熄灭。

(三)工频启动与停止

1. 工频启动

将工频/变频转换开关【SA】转至工频状态,SA 的③→④接点闭合,①→②接点断开。按下工频启动按钮【SB5】,回路经 1→2→9→10→11→12→13→0 号线闭合,KM2 线圈得电,其 10→11 号线的 KM2 常开触点闭合自锁,KM2 主触头闭合,电动机工频运行。同时工频运行指示 HL3 灯亮。

2. 工频停止

按下工频停止按钮【SB4】,回路 9→10 断开,KM2 线圈失电,其 10→11 号线的 KM2 触点断开解除自锁,KM2 的主触头断开,电动机停止运行。同时工频运行指示 HL3 灯熄灭。

(四)温控开关的调试

(1) TEH400A 温度控制器 9、11 端子为电源侧 L、N,7、8 号端子为接温控探头端子,当变频器温度过高时,①、②端子常开触点闭合,接通变频柜风机。

(2) 仪表安装及接线后,通电仪表进入测温及控制状态,按【SET】键 2s 后松开【SET】键,仪表依次进入主温度设定、主温度偏差设定、报警偏差设定状态。

(3) 按【ADD】键或【SUB】键进行内部相关参数的设定,设定完相关参数后,按【SET】键返回测温及控制状态,参数立即保存在仪表内部。当 WORK 灯亮后,表示仪表进入正常测温控制工作状态:

(4) 当测量温度小于设定值(主设定温度-主设定偏差)时,OUT 灯亮,①、②为常开触点闭合,主输出开启,变频柜风机运行。

(5) 当测量温度大于设定值(主设定温度+主设定偏差)时,OUT 灯灭,①、②为常开触点断开,主输出关闭,变频柜风机停止运行。

五、保护功能

(1) 当电路需要紧急停止时,可按下自锁式按钮【SB1】,整个控制电路失电。

(2) 工频状态下,当电路、电动机发生短路、过载故障后电动机保护器 FM 动作,其 13→0 断开,切断工频控制回路,KM2 线圈失电,主触头断开,电动机停止运行。工频运行指示灯 HL2 熄灭。

(3) 变频状态下变频器发生故障时,2→14 号线的 1TA 与 1TC 常开触点闭合,回路经 1→2→14→0 号线闭合,KA2 线圈得电,其 7→8 号线的 KA2 常闭触点断开。KA1 线圈失电,1→3 断开,KM1 线圈失电,4→5 线间的 KM1 常开触点解除自锁,同时 16→17 号线的 KM1 常开触点断开变频器正转 FWD 和公共端端子 CM,KM1 主触头断开,变频器 U、V、W 停止输出,电动机停止运行。变频故障报警指示灯 HL4 亮,发出故障报警指示。同时变频运行指示灯 HL2 熄灭。

电路 24　TDSV 变频器螺杆泵井控制电路

六、常见故障与处理

该电路常见故障与处理见表 2-10。

表 2-10　常见故障与处理

序号	故障现象	原因	检查处理
1	变频不启动	电源	电源是否缺相
		控制回路故障	控制回路电源
			启停按钮故障更换
			变频交流接触器常闭触点
		参数设置不正确	检查参数设置
		变频器坏	维修或更换
2	液晶面板没有显示	变频器到液晶面板连接线掉线	检查变频器到液晶面板连接线
		液晶面板坏	更换液晶面板
3	电位器无法调节	模式选择	运行模式是否在"3"模式
4	运行欠压	输入电压异常或运行时掉电	查看输入电源或接线
		有重负载冲击	查看负载，有可能过载或不平衡
		输入缺相	查看电源电压
		输出缺相	检出接触器与主接线拧接是否牢固
		变频器充电接触器损坏或插件松动	查看内部接触器及插件
5	过载、过流	电动机绝缘或相间短路	用摇表测量相间绝缘查看是否有短接现象
		查看机械连动	查看是否机械连接脱扣松动
		负载工况	有可能瞬间负载过重，需要洗井

电路 25　BBKZG-螺杆泵 ABB 变频控制柜控制电路

电路简介

该电路由外部控制电路实现工频/变频转换电路，电路采用转换开关控制交流接触器，利用交流接触器常开点完成对工频/变频接触器的控制，以实现对电路的工频转变频、变频转工频运行切换。而且整个电路采用了 2 只转换开关、3 只接触器和 4 只按钮组成控制电路，降低了电路的故障率。

一、原理图

BBKZG-螺杆泵 ABB 变频控制柜控制电路如图 2-4 所示。

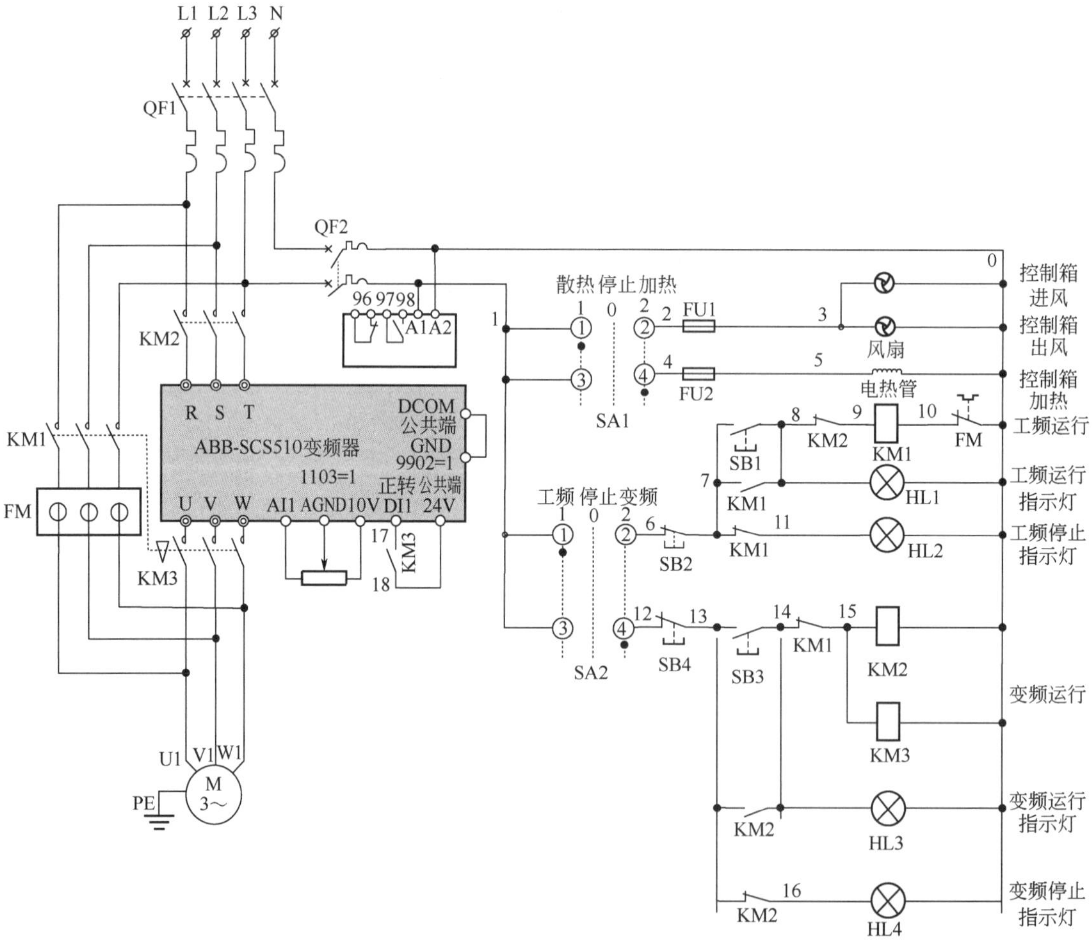

图 2-4　BBKZG-螺杆泵 ABB 变频控制柜控制电路原理图

电路 25　BBKZG-螺杆泵 ABB 变频控制柜控制电路

二、电器元件及功能

该电路的电器元件及功能见表 2-11。

表 2-11　电器元件及功能明细表

文字符号	名称	型号	电器元件在该电路中的作用
VFD	变频器	ABB-SCS510	在电路中起降低启动电流，接受智能监控工作指令并执行，实现节能、软启、软停、电动机转速调整和无级调整冲次的功能
QF1	断路器	NM1-250H/3	电源总开关，在主电路中起控制兼保护作用
QF2	断路器	DZ47-60	控制回路开关，在电路中控制兼保护作用
KM1	交流接触器	NC2-115	工频运行接触器，控制电动机工频启动与停止作用，与变频输出接触器 KM2 内装有机械联锁模块，以实现机械联锁
KM2	交流接触器	NC2-115	变频器输入端接触器，控制变频器主电源输入
KM3	交流接触器	NC2-115	变频器输出端接触器，连接变频输出主电源。与工频接触器 KM3 内装有机械联锁模块，以实现机械联锁
FM	电动机综合保护器	SJDB-XTB/Y	工频运行时对电动机过载、过流、断相进行有效保护，对电动机工频运行提供过载、过流、缺相、堵转、短路、过压、欠压、漏电、三相不平等保护作用
RP	电位器	1~5kΩ/2W 外置电位器	控制变频器运行频率
SB1	工频启动按钮	绿色 LA38-11	在电路中起接通工频控制回路作用
SB2	工频停止按钮	红色 LA38-11	在电路中起断开工频控制回路作用
SB3	变频启动按钮	绿色 LA38-11	在电路中起接通变频控制回路作用
SB4	变频停止按钮	红色 LA38-11	在电路中起断开变频控制回路作用
SA1	转换开关	LW8-10-D101/1	工频/变频转换选择
SA2	转换开关	LW8-10-D101/1	散热/加热转换选择
	控制箱进风扇		
	控制箱出风扇		
	控制箱加热管		
HL1	指示灯	绿色 AD16-22D/220V	工频运行指示
HL2	指示灯	红色 AD16-22D/220V	工频停止指示
HL3	指示灯	绿色 AD16-22D/220V	变频运行指示
HL4	指示灯	红色 AD16-22D/220V	变频停止指示
M	电动机	三相异步电动机	将电能转变为机械能

三、变频器参数表

变频器相关端子及参数见表2-12。

表2-12 变频器参数表

序号	端子名称	功能	功能代码	设定数据	设定值含义说明
1		语言选择	9901	1	ACS510型变频器设定值1的含义为语言选择中文；ACS550型变频器无中文选项，设定值0的含义为英语，可更换ACS-CP-D助手型控制盘设置为1
2		应用宏（类似于初始化）	9902	1	1的含义为按［ABB标准宏］默认的两线式初始化，宏是厂家预先定义好的参数及端子组合，510变频器共有8个组合
3	10 +24V 13 DI1	外部1命令（启停命令）	1001	1	1的含义为由外部信号输入运行命令，表示由［DI1］端子设置为控制变频器启/停（默认顺时针旋转）
	11GND 12DCOM	公共端			数字输入公共端
4	4 10V 5 AI1 6 AGND	给定值1选择	1103	1	1的含义为频率设置方式来自［AI1］，即外部电压设置频率0~10V外置电位器给定；0表示操作面板设置

四、电路工作原理

（一）闭合总电源及参数设置

（1）闭合工频电源【QF1】，工频主电路交流接触器KM1及变频上侧交流接触器KM2进线端得电；闭合【QF2】，控制回路得电，KM2、KM3主触头闭合；转换开关【SA1】选择加热、散热状态；转换开关【SA2】选择工频/变频状态。

（2）根据参数表设置变频器参数。

（二）变频启动与停止

1. 变频启动

将工频/频转换开关【SA2】转至变频状态，SA2的③→④接点闭合，①→②接点断开，按下变频启动按钮【SB3】，回路经1→12→13→14→15→0闭合，变频器输入侧交流接触器KM2线圈、变频器输出侧交流接触器KM3线圈同时得电。13→14的KM2的常开触头闭合自锁。其17→18的KM3的常开触点闭合接通变频器的正转［DI1］和公共端端子［24V］，变频器的U、V、W输出，电动机正转运行。

运行频率由变频器面板进行调节，变频器控制面板运行指示灯亮。同时回路经1→12→13→14→0闭合，变频运行指示灯HL3亮，13→16的KM2的常闭触点断开，变频停止指示灯HL4熄灭。

2. 变频停止

按下变频停止按钮【SB4】，回路12→13触点断开，变频器输入侧交流接触器KM2线圈、变频器输出侧交流接触器KM3线圈同时失电，KM2、KM3主触头断开，17→18的KM3的常开触点断开变频器的正转［DI1］与公共端端子［24V］，切断控制回路，电动机停止运行。

变频器控制面板运行指示灯熄灭，同时 13→14 的 KM2 的常开触点断开，变频运行指示灯 HL3 熄灭；13→16 的 KM2 的常闭触点闭合，变频停止指示灯 HL4 亮。

（三）工频启动与停止

1. 工频启动

将工频/频转换开关【SA2】转至工频状态，SA2 的①→②接点闭合，接点③→④断开，按下工频启动按钮【SB1】，回路经 1→6→7→8→9→10→0 闭合，KM1 线圈得电，7→8 的 KM1 的常开触点闭合自锁；主触头闭合，电动机正转运行。其回路经 1→6→7→8→0 闭合，工频运行指示灯 HL1 亮；7→11 的 KM1 的常闭触点断开，工频停止指示灯 HL1 熄灭。

2. 工频停止

按下工频停止按钮【SB2】，回路 6→7 触点断开，KM1 线圈失电，主触头断开，电动机停止运行。7→8 的 KM1 的常开触点断开，工频运行指示灯 HL2 熄灭；7→11 的 KM1 的常闭触点闭合，回路经 1→6→7→11→0 闭合，工频停止指示灯 HL2 亮。

（四）控制柜加热、散热

将加热/散热转换开关【SA1】转至散热状态，SA 的①→②接点闭合，接点③→④断开，回路 1→2→3→0 闭合，风扇得电运行。

加热/散热转换开关【SA1】转至加热状态，SA 的接点③→④闭合，接点①→②断开，回路 1→4→5→0 闭合，电热管得电运行。

五、保护功能

工频状态下，电动机发生短路、过载故障后电动机保护器 FM 动作，10→0 电动机保护器 FM 常闭触点断开，回路 10→0 触点断开，KM1 线圈失电，主触头断开，电动机停止运行。

变频状态下，电动机发生故障时，自我保护，变频器的输出端 U、V、W 主电路停止输出，同时在控制面板上发出报警信息。

控制柜内风扇发生短路故障，2→3 熔断器 FU1 熔断，回路 2→3 接点断开，柜风扇停止运行。控制柜内电热管发生短路故障，4→5 熔断器 FU2 熔断，回路 4→5 接点断开，柜内电热管停止运行。

六、常见故障与处理

该电路常见故障与处理见表 2-13。

表 2-13 常见故障与处理

序号	故障现象	原因	检查处理
1	变频不启动	电源	电源是否缺相
		控制回路故障	控制回路电源
			启停按钮故障更换
			变频交流接触器常闭触点
		参数设置不正确	检查参数设置
		变频器坏	维修或更换

第二章 螺杆泵抽油机井与电泵井常见控制电路

续表

序号	故障现象	原因	检查处理
2	液晶面板没有显示	变频器到液晶面板连接线掉线	检查变频器到液晶面板连接线
		液晶面板坏	更换液晶面板
3	电位器无法调节	模式选择	运行模式是否在"0"模式
4	运行欠压	输入电压异常或运行时掉电	查看输入电源或接线
		有重负载冲击	查看负载，有可能过载或不平衡
		输入缺相	查看电源电压
		输出缺相	检出接触器与主接线拧接是否牢固
		变频器充电接触器损坏或插件松动	查看内部接触器及插件
5	过载、过流	电动机绝缘或相间短路	用摇表测量相间绝缘查看是否有短接现象
		查看机械连动	查看是否机械连接脱扣松动
		负载工况	有可能瞬间负载过重，需要洗井

电路 26　LP-WTSX 系列交流伺服螺杆泵井控制电路

电路简介

该电路采用直驱专用驱动器（艾兰德变频器），通过面板电位器调节频率，从而改变螺杆泵井转速，实现无级调速；并根据变频柜显示器显示的频率、电流、转数和扭矩数据来判断井下运行与故障情况。

一、原理图

LP-WTSX 系列交流伺服螺杆泵井控制电路如图 2-5 所示。

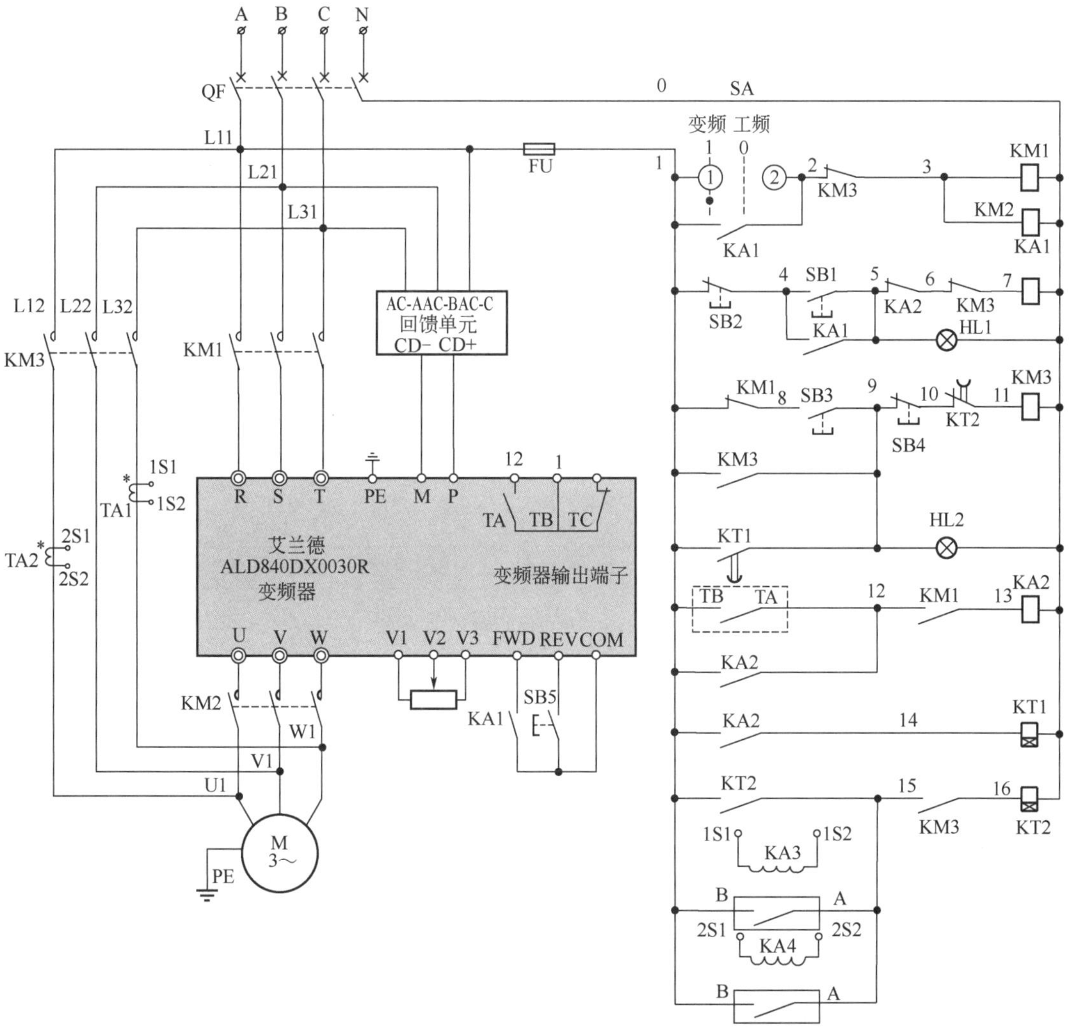

图 2-5　LP-WTSX 系列交流伺服螺杆泵井控制电路原理图

二、电器元件及功能

该电路的电器元件及功能见表 2-14。

表 2-14 电器元件及功能明细表

文字符号	名称	型号	电器元件在该电路中的作用
QF	断路器	CDM1-100L	在主电路中起控制兼保护作用
FU	熔断器	RT18-32X	在控制回路中主要起短路保护作用，用于保护线路及电器元件
VFD	变频器	艾兰德 ALD840DX0030R	在电路中起降低启动电流，接受智能监控工作指令并执行，实现节能、软启、软停、电动机转速调整和无级调速的功能
	回馈单元	BKFG504045H	将电动机运行过程中产生的再生能量回收到电网，二次利用，节电率在 20%~45%
SA	转换开关	LAY7-11X/2	工频/变频转换，闭合时选择变频运行，断开时选择工频运行
KM1	交流接触器	CJ20-63	变频器供电接触器
KM2	交流接触器	CJ20-63	变频器输出接触器
KM3	交流接触器	CJ20-63	工频输出接触器
KA1	中间继电器	HH54P	利用其常开触头控制变频器正转
KA2	中间继电器	HH54P	利用其常开触头控制时间继电器 JS1
KA3	电流继电器		当电动机过流，达到电流继电器的整定值时，衔铁吸合，常开辅助触头闭合，接通过载保护回路
KA4	电流继电器		当电动机过流，达到电流继电器的整定值时，衔铁吸合，常开辅助触头闭合，接通过载保护回路
KT1	时间继电器	H3Y-4	变频器故障时，利用其延时闭合触头控制变频运行转为工频运行
KT2	时间继电器	H3Y-4	工频运行故障时，利用其延时断开触头停止工频运行
RP	电位器	1~5kΩ/2W 外置电位器	给定变频器运行频率
SB1	按钮	绿色 DELIXI 16-12-18	在电路中起接通变频运行回路作用
SB2	按钮	红色 DELIXI 16-12-18	在电路中起断开变频运行回路作用
SB3	按钮	绿色 DELIXI 16-12-181	在电路中起接通工频运行回路作用
SB4	按钮	红色 DELIXI 16-12-18	在电路中起断开工频运行回路作用
SB5	按钮	绿色 DELIXI 16-12-18	给定变频器反转命令
HL1	指示灯	红色 DELIXI 16-10-30	变频运行指示

续表

文字符号	名称	型号	电器元件在该电路中的作用
HL2	指示灯	红色 DELIXI 16-10-30	工频运行指示
TA1	电流互感器	BH-0.66CT	监测 C 相运行电流
TA2	电流互感器	BH-0.66CT	监测 A 相运行电流
M	电动机	XLPM-1350-380	将电能转变为机械能，带动螺杆泵运行

三、变频器参数设置

变频器相关端子及参数见表 2-15。

表 2-15 变频器参数表

功能	功能代码	设定数据	设定值含义说明
电动机额定功率	P1.01	12.6	0.1~1000.0kW
电动机额定电压	P1.02	380V	1~2000V
电动机额定电流	P1.03	23.3A	0.01~655.35A
电动机额定频率	P1.04	40HZ	0.01Hz~最大频率
电动机额定转速	P1.05	200	1~65535rpm
加速时间 1	P0.17	100S	0.00~65000s
减速时间 1	P0.18	20S	0.00~65000s
自学习选择	P1.37	2	0：无操作； 1：异步机静态自学习； 2：异步机全面自学习； 3：异步机完全静态自学习
命令源选择	P0.02	1	0：操作面板命令通道（LED 灭）； 1：端子命令通道（LED 亮）； 2：通信命令通道（LED 闪烁）
主频率源 X 选择	P0.03	2	0：数字设定（预置频率 P0.08，UP/DWWN 可修改，掉电不记忆）； 1：数字设定（预置频率 P0.08，UP/DWWN 可修改，掉电记忆）； 2：FIV； 3：FIC； 4：保留
上限频率	P0.12	30HZ	下限频率~最大频率
下限频率	P0.14	4HZ	0.00Hz~上限频率
V/F 启动方式	P6.00	0	0：直接启动； 1：转速追踪启动； 2：异步机矢量预励磁启动
启动频率	P6.03	2HZ	0.00Hz~10.00Hz
停机方式	P6.10	0	0：减速停车； 1：自由停车
控制板继电器功能选择	P5.02	2	0：无输出； 1：伺服驱动器运行中； 2：故障输出（故障停机）

注：除表中的参数外其他参数应根据现场负载的实际要求设定或使用变频器的出厂默认值设定。

四、电路工作原理

（一）闭合总电源及参数设置

闭合总电源【QF】，交流接触器 KM1、KM3 上侧带电。

（二）工频启动与停止

1. 工频启动

（1）将工频/变频转换开关【SA】转至"0"工频位置。

（2）按下启动按钮【SB3】，回路经 1→8→9→10→11→0 闭合，KM3 线圈得电，主回路中 KM3 主触点闭合，电动机工频运行，工频运行指示灯 HL2 亮。

（3）回路 1→9 线间 KM3 常开触点闭合自锁，回路中 2→3 线间 KM3 常闭触点断开，断开变频输入/输出交流接触器 KM1、KM2 回路，6→7 线间 KM3 常闭触点断开，断开变频控制回路，回路中 15→16 线间 KM3 常开触点闭合，为时间继电器 KT2 动作做准备。

2. 工频停止

按下停止按钮【SB4】，回路 9→10 断开，KM3 线圈失电，1→9 线间常开触点断开，2→3 线间 KM3 常闭触点复位，6→7 线间 KM3 常闭触点复位，15→16 线间常开触点断开，同时 KM3 主触点断开，电动机停止运行，工频运行指示灯 HL2 熄灭。

（三）变频启动与停止

1. 变频启动

（1）将工频/变频转换开关【SA】转至"1"变频位置，回路经 1→2→3→0 闭合，交流接触器 KM1、KM2 线圈得电，主触头闭合，变频器得电；回路中 1→8 线间 KM1 常闭触点断开，断开工频控制回路。

（2）回路中 12→13 线间 KM1 常开触点闭合，为中间继电器 KA2 动作做准备。

（3）按下启动按钮【SB1】，回路经 1→4→5→6→7→0 闭合，KA1 线圈得电，回路 4→5 线间 KA1 常开触点闭合自锁，同时变频器输入端子［FWD］与公共端端子［COM］间的 KA1 常开触点闭合，变频器正转输出，电动机正转运行。

（4）回路中 1→2 线间 KA1 常开触点闭合自锁，防止工频/变频转换开关【SA】误操作。

（5）运行频率由外部电位器信号给定。变频器控制面板运行指示灯亮，显示信息为［RUN］，变频运行指示灯 HL1 亮。

2. 变频停止

（1）按下停止按钮【SB2】，回路 1→4 断开，中间继电器 KA1 线圈失电，回路中 4→5 线间 KA1 的常开触点断开，解除自锁。

（2）同时变频器输入端子［FWD］与公共端端子［COM］间的 KA1 常开触点断开，变频器停止输出，电动机停止运行。

（3）回路中 1→2 线间 KA1 常开触点断开，解锁对工频/变频转换开关【SA】联锁。变频器控制面板运行指示灯熄灭，显示信息为［STOP］，变频运行指示灯 HL1 灭。

3. 反转启动与停止

按下反转启动按钮【SB5】，变频器输入端子［REV］与公共端端子［COM］闭合，变频器反转输出，电动机反转运行。断开反转启动按钮【SB5】，变频器输入端子［REV］与公共端端子［COM］断开，变频器停止输出，电动机停止运行。

五、保护功能

（一）工频运行状态下

电动机发生短路、过载、断相故障后，电流互感器 TA1 或 TA2 线圈电流增加，电流继电器 KA3 或 KA4 动作；1→15 线间的常开辅助触点闭合，回路经 1→15→16→0 闭合，时间继电器 KT2 线圈得电；1→15 线间的 KT 常开触点闭合自锁，10→11 线间的 KT2 常闭辅助触头延时断开；主电路交流接触器 KM3 线圈失电，主触头断开，电动机停止运行，电动机工频运行指示灯 HL2 熄灭。

（二）变频运行状态下

（1）电动机发生短路、过载故障后，变频器停止输出，输出继电器［TA→TB］动作，故障报警输出，控制回路中 1→12 线间［TA-TB］闭合，回路经 1→12→13→0 闭合，KA2 线圈得电，回路 1→12 线间 KA2 常开触点闭合自锁；1→14 线间的 KA2 常开触点闭合。

（2）回路经 1→14→0 闭合，时间继电器 KT1 线圈得电，1→9 线间的 KT1 常开触点延时闭合，回路经 1→8→9→10→11→0 闭合，KM3 线圈得电，KM3 主触点闭合，电动机转为工频运行。

（3）工频运行指示灯 HL2 亮，同时，2→3 线间的 KM3 常闭触点断开，交流接触器 KM1、KM2 线圈失电，KM1、KM2 主触头断开，变频器断电，变频运行指示灯 HL1 熄灭。

六、常见故障与处理

该电路常见故障与处理见表 2-16。

表 2-16　常见故障与处理

故障现象	可能原因	解决方法
上电故障	电网电压没有或过低；变频器驱动板上的开关电源故障；整流桥损坏；变频器缓电阻损坏；控制板、键盘故障；控制板与驱动板、键盘之间连线断	检查输入电源，检查母线电压；寻求厂家服务
上电显示"2000"	驱动板与控制之间的连线接触不良；控制板上相关器件损坏；电动机或者电动机线有对地短路；霍尔故障；电网电压过低	寻求厂家服务
上电显示"GND"报警	电动机或者输出线对地短路；变频器损坏	用摇表测量电动机和输出线的绝缘；寻求厂家服务
上电变频器显示正常，运行后显示"2000"马上停机	风扇损坏或者堵转；外围控制端子接线有短路	更换风扇；排除外部短路故障
频繁报 OH（IGBT 过热）故障	载频设置太高；风扇损坏或者风道堵塞；变频器内部器件损坏	降低载频（P0.17）、更换风扇、清理风道、寻求厂家服务
变频器运行后电动机不转动	电动机及电动机线；变频器参数设置错误（电动机参数）；驱动板与控制板连线接触不良；驱动板故障	重新确认变频器与电动机之间连线；更换电动机或清除机械故障；检查并重新设置电动机参数

第二章　螺杆泵抽油机井与电泵井常见控制电路

续表

故障现象	可能原因	解决方法
S端子失效	参数设置错误；外部信号错误；PLC与+23V跳线松动；控制板故障	检查并重新设置P5组相关参数；重新接外部信号线；寻求厂家服务
变频器频繁报过流和过压故障	电动机参数设置不对；加减速时间不合理；负载波动	重新设置电动机参数或者进行电动机自学习，设置合适的加减速时间，寻求厂家服务
上电（或运行）报RAY	软启动继电器未吸合	检查继电器电绕是否松动；检查继电器23V供电电源是否有故障；寻求厂家服务

电路 27　JHZQ 型螺杆泵井直驱控制电路

电路简介

该电路由英威腾 GD300 变频器控制，采用连续运行的方式直接驱动螺杆泵。通过外置频率调节旋钮对螺杆泵转速的平滑调节，停机时采用变频器与外接电阻两级制动，整个系统简单紧凑，运行可靠。电路中液体膨胀式温控器，是当柜内的温度超出设定范围时断开控制回路，以保证设备的安全运行。

一、原理图

JHZQ 型螺杆泵井直驱控制电路图如图 2-6 所示。

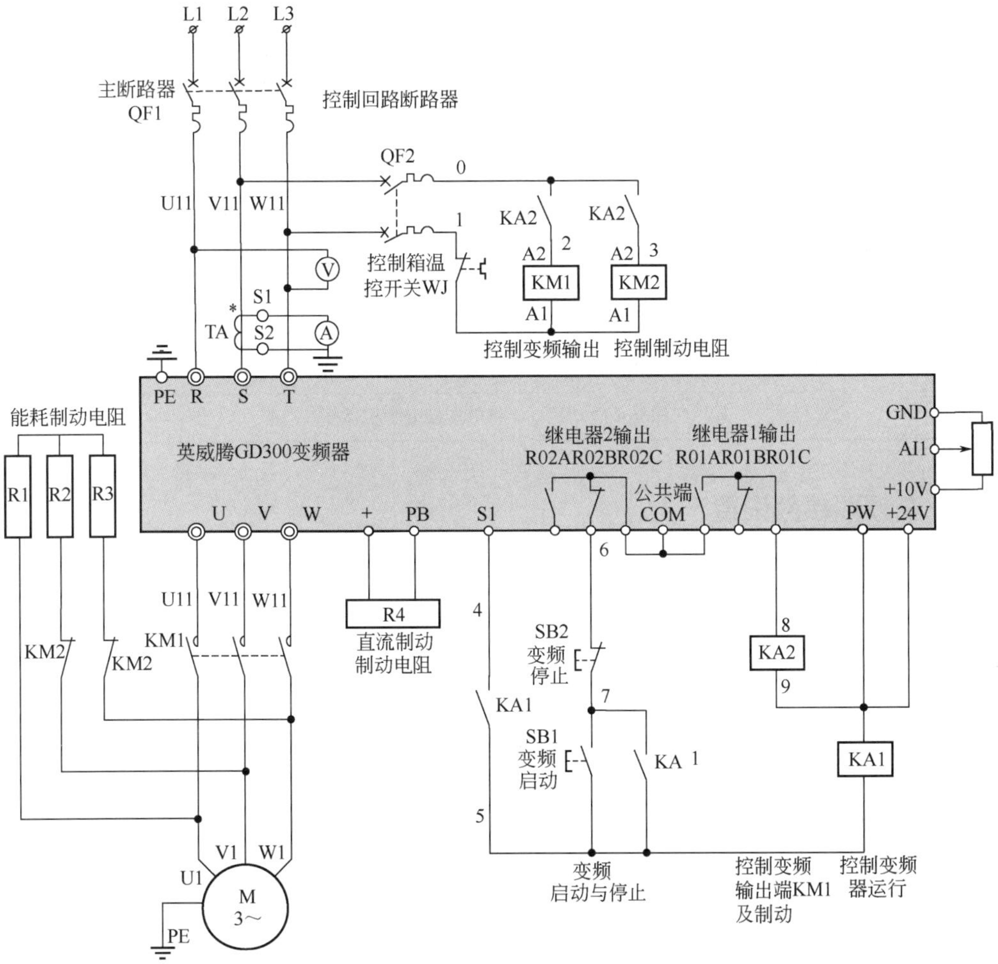

图 2-6　JHZQ 型螺杆泵井直驱控制电路原理图

二、电器元件及功能

该电路的电器元件及功能见表 2-17。

表 2-17 电器元件及功能明细表

文字符号	名称	型号	电器元件在该电路中的作用
VFD	变频器	英威腾 GD300	在电路中起降低启动电流，接受智能监控工作指令并执行，实现节能、软启、软停、电动机转速调整和无级调整冲次的功能
R1-R4	制动电阻		对电动机制动刹车
QF1	断路器	CDM3-100S3300	电源总开关，在主电路中起控制兼保护作用
QF2	断路器	DZ47S-C32	控制回路开关，在电路中起控制兼保护作用
KM1	交流接触器	CJX2S-8011	变频运行接触器，控制电动机变频启动与停止作用
KM2	交流接触器	CJX2-50008	控制制动电阻
KA1	中间继电器	RSB2A080BD/24V	控制变频器输出的启动与停止
KA2	中间继电器	RSB2A080BD/24V	控制变频器输出
SB1	启动按钮	绿色 ZB2-BE102C	在电路中起接通控制回路作用
SB2	停止按钮	红色 ZB2-BE101C	在电路中起断开控制回路作用
WJ	电动机温控开关	TS-030SR	当控制箱温度过高或过低时，温度可调液体涨式温控器（无须连接电源）切断控制回路
PV	盘用电压表	44L1-V	监测工作电压
PA	盘用电流表	44L1-A	监测负荷电流
M	电动机	三相异步电动机	将电能转变为机械能

三、变频器参数设置

变频器相关端子及参数见表 2-18。

表 2-18 变频器参数表

功能	功能代码	设定数据	设定值含义说明
运行指令通道	P00.01	1	0：键盘运行指令通道（LED 熄灭） 1：端子运行指令通道（LED 闪烁） 2：通信运行指令通道（LED 点亮）
最大输出频率	P00.03	50Hz	设定范围：P00.04~400.00Hz
运行频率上限	P00.04	50Hz	设定范围：P00.05"下限频率"~P00.03"最大频率"
运行频率下限	P00.05	0.00Hz	设定范围：0.00Hz~F0-07"上限频率"
停机方式选择	P01.08	1	0：减速停车；1：自由停车
停机制动开始频率	P01.09	40	设定在减速停止时开始直流制动动作的频率值

续表

功能	功能代码	设定数据	设定值含义说明
停机制动等待时间	P01.10	3s	设定直流制动的动作时间
停机直流制动电流	P01.11	80%	设定直流制动时的输出电流等级，即直流制动的强度
数字量输入功能选择	P05.01	1	1：正转运行；2：反转运行
继电器 RO1 输出选择	P06.03	2	2：正转运行中
继电器 RO2 输出选择	F5-03	5	5：变频器故障，P06.04＝5

注：除表中的参数外其他参数应根据现场负载的实际要求设定或使用变频器的出厂默认值设定。

四、电路工作原理

（一）闭合总电源及参数设置

（1）闭合总电源【QF1】，变频器输入端 R、S、T 上电，根据参数表设置变频器参数；
（2）闭合控制电源【QF2】，控制回路得电，温控开关启动。

（二）变频启动与停止

1. 变频启动

按下启动按钮【SB1】，回路经 9→7→8→6→KA1 线圈→11→PW/+24 闭合，KA1 线圈得电，KA1 常开触头 5→6 接通 S1→COM，变频器输出正转指令，KA1 常开触头 8→6 闭合实现自锁。同时 R01A、R01C 常开触头得到运行中指令闭合，回路 COM→10→11→PW/+24 闭合，接通 KA2 线圈，其两个常开触头分别接通 2→3、2→4，使接触器 KM1、KM2 线圈得电，KM2 的常闭触点断开制动电阻，同时主回路中 KM1 主触点闭合，电动机变频运行。

2. 变频停止

按下停止按钮【SB2】，回路 7→8 断开，KA1、KA2 线圈失电，回路 5→6、8→6 线间 KA1 常开触点断开，控制回路中 2→3、2→4 线间 KA2 常开触点断开，接触器 KM1、KM2 线圈失电，主回路中 KM1 主触点闭合；同时 KM2 的常闭触点复位接通制动电阻，对电动机能耗制动，变频器接通制动电阻 R4，对电动机采取直流制动，电动机停止运行。

五、保护功能

（1）当电路、电动机及变频器发生短路、过载故障后，总电源 QF1 及控制回路电源 QF2 断开，切断主电路及控制回路。

（2）当控制箱温度过高或过低时，温控开关常闭接点切断 1→2 控制回路，使变频器停止运行。

（3）如果变频器内部发生故障时或变频器检测到电动机故障，故障总输出端子 R02B、R02C 断开，切断控制回路，同时 KM 主触头断开，变频器及电动机停止运行。

六、常见故障与处理

该电路常见故障与处理见表 2-19。

第二章　螺杆泵抽油机井与电泵井常见控制电路

表 2-19　常见故障与处理

故障现象	原因	检查处理
变频不启动	电源	电源是否缺相
	控制回路故障	控制回路电源
		启停按钮故障更换
		变频交流接触器常闭触点
	参数设置不正确	检查参数设置
	变频器坏	维修或更换
液晶面板没有显示	变频器到液晶面板连接线掉线	检查变频器到液晶面板连接线
	液晶面板坏	更换液晶面板
电位器无法调节	模式选择	运行模式是否在"0"模式
运行欠压	输入电压异常或运行时掉电	查看输入电源或接线
	有重负载冲击	查看负载，有可能过载或不平衡
	输入缺相	查看电源电压
	输出缺相	检出接触器与主接线拧接是否牢固
	变频器充电接触器损坏或插件松动	查看内部接触器及插件
过载、过流	电动机绝缘或相间短路	用摇表测量相间绝缘查看是否有短接现象
	查看机械连动	查看是否机械连接脱扣松动
	查看配重平衡	调节平衡
	负载工况	有可能瞬间负载过重，需要洗井

电路 28　HSJQL 系列螺杆泵井变频调速控制电路

电路简介

该电路由台达 VFD-F 变频器控制，通过转换开关实现工频/变频运行；通过面板电位器调节频率改变电动机转速，实现方便调参功能。电路有工频/变频两套各自独立保护：变频保护是通过变频器故障输出端子监测报警输出，故障后自动切换工频的摇头开关在闭合的状态下，电动机发生短路、过载故障后，系统将自动投入工频运行，以确保设备连续运行；工频保护通过热继电器对电动机实现断相保护、过载保护、过压保护、欠压保护功能。

一、原理图

HSJQL 系列螺杆泵井变频调速控制电路如图 2-7 所示。

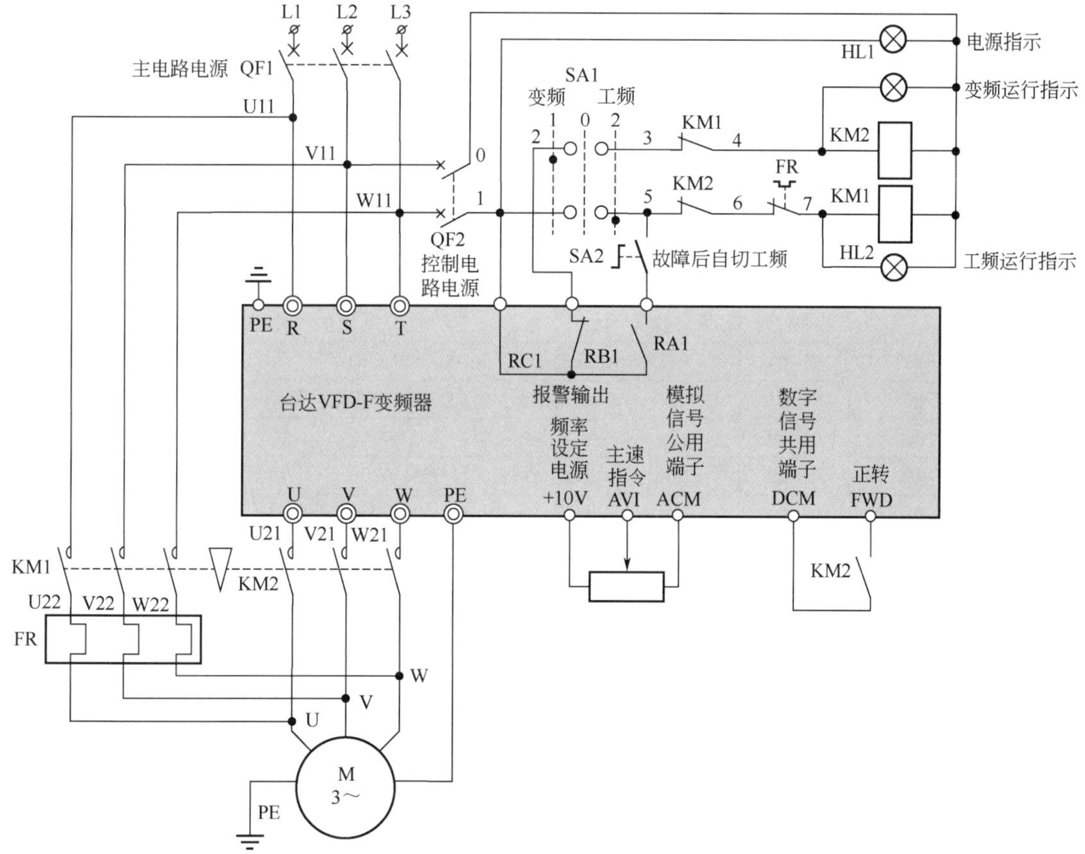

图 2-7　HSJQL 系列螺杆泵井变频调速控制电路原理图

二、电器元件及功能

该电路的电器元件及功能见表 2-20。

表 2-20 电器元件及功能明细表

文字符号	名称	型号	电器元件在该电路中的作用
VFD	变频器	台达 VFD-F	在电路中起降低启动电流,接受智能监控工作指令并执行,实现节能、软启、软停、电动机转速调整和无级调整冲次的功能
QF1	断路器	KM1-250H/3	电源总开关,在主电路中起控制兼保护作用
QF2	断路器	DZ47-60	控制回路开关,在电路中起控制兼保护作用
KM1	交流接触器	SC-E1P	工频运行接触器,控制电动机工频启动与停止作用,与变频输出接触器 KM2 内装有机械联锁模块,以实现机械联锁
KM2	交流接触器	SC-E1P	变频运行接触器,控制电动机变频启动与停止作用,与工频输出接触器 KM1 内装有机械联锁模块,以实现机械联锁
FR	热继电器	SJDB-XTB/Y	工频运行时对电动机过载、过流、断相进行有效保护
SA1	摇头开关	E-TEN	工频/变频转换选择
SA2	摇头开关	E-TEN	故障后自动切换工频
HL1	指示灯	绿色 ND1-22/3AC380V	电源指示
HL2	指示灯	红色 ND1-22/3AC380V	工频运行指示
HL3	指示灯	红色 ND1-22/3AC380V	变频运行指示
M	电动机	三相异步电动机	将电能转变为机械能

三、变频器参数设置

变频器相关端子及参数见表 2-21。

表 2-21 变频器参数表

功能	功能代码	设定数据	设定值含义说明
最高操作频率	01-00	55Hz	设定范围:50.00~120.00Hz
最大电压频率	01-01	50Hz	设定范围:0.100~120.00Hz
第一加速时间	01-09	20s	设定范围:0.1~3600.0s
第一减速时间	01-10	20s	设定范围:0.1~3600.0s
频率指令来源	02-00	01	设定值为01含义:模拟输入端子 AV1
运转指令来源	02-01	02	设定值为02含义:运转指令由外部端子控制,键盘【STOP】无效
停车方式	02-02	01	设定值为01含义:自由停车
正反转禁止	02-04	01	设定值为01含义:禁止反转
电源启动运转控制	02-06	00	设定值为00含义:可以运转
多功能输出1	03-00	23	设定值为23含义:故障指示,故障时对应输出继电器闭合
散热风扇控制方式	03-15	03	设定值为03含义:温度达到60℃时启动
直流制动电流	08-00	5%	设定范围:0~100%
启动时直流制动时间	08-01	3s	设定范围:0.0~60.0s
加速中过流失速防止	06-01	150%	设定范围:20%~150%

电路 28　HSJQL 系列螺杆泵井变频调速控制电路

续表

功能	功能代码	设定数据	设定值含义说明
运转中过流防止	06-02	150%	设定范围：20%~150%
过转矩检出基准	06-04	150%	设定范围：30%~150%
过转矩检出时间	06-05	10s	设定范围：0.1~60.0s

注：除表中的参数外其他参数应根据现场负载的实际要求设定或使用变频器的出厂默认值设定。

四、电路工作原理

（一）闭合总电源及参数设置

（1）闭合总电源【QF1】，变频器输入端［R］、［S］、［T］上电，根据参数表设置变频器参数；

（2）闭合控制电源【QF2】，控制回路得电，HL1 电源指示灯亮。

（二）变频启动与停止

1. 变频启动

将工频/变频转换开关【SA1】转至"1"变频位置，回路经 1→2→3→4→0 号线闭合，交流接触器 KM2 线圈得电，主回路 KM2 的主触点闭合，同时变频器正转端子［FWD］与［DCM］间 KM2 常开触点闭合，变频器正转输出，电动机变频运行。

变频器控制面板运行指示灯亮，显示信息为［RUN］，变频运行指示灯 HL3 亮。同时 5→6 之间 KM2 触点断开，断开工频控制回路，与 KM1 接触器实现机械联锁。

2. 变频停止

将工频/变频转换开关【SA1】转至"0"停止位置，回路中 2→3 线断开，交流接触器 KM2 线圈失电，变频器输入端子［FWD］与公共端端子［COM］间的常开触点断开，变频器停止输出，回路 5→6 线间 KM2 常闭触点复位，同时 KM2 主触点断开，电动机停止运行。

变频器控制面板运行指示灯熄灭，显示信息为［STOP］，变频运行指示灯 HL3 灭。同时回路 5→6 之间 KM2 常闭触点复位。

（三）工频启动与停止

1. 工频启动

将工频/变频转换开关【SA1】转至"2"工频位置，回路经 1→5→6→7→0 号线闭合，接触器 KM1 线圈得电，主回路中 KM1 主触点闭合，电动机工频运行。

同时工频运行指示灯 HL2 亮。控制回路中 3→4 线间 KM1 常闭触点断开，断开变频控制回路，与 KM2 接触器实现电气联锁。

2. 工频停止

将工频/变频转换开关【SA1】转至"0"停止位置，回路中 1→5 线断开，接触器 KM1 线圈失电，KM1 主触点断开，电动机停止运行。同时回路中 3→4 线间 KM1 常闭触点复位，工频运行指示灯 HL2 熄灭。

五、保护功能

（一）工频运行状态下

电动机发生过流、过载、断相、故障后电动机保护器 FR 动作，回路中 6→7 号线间的

FR 常闭触点断开，接触器 KM1 线圈失电，同时 KM1 主触点断开，电动机停止运行。

（二）变频故障状态下自动切换工频

故障后自动切换工频的转换开关【SA2】在闭合的状态下，电动机发生短路、过载故障后，变频器的输出端子 RA1→RB1 动作，故障报警输出，控制回路经 1→RC1→RA1→5→6→7→0 线闭合，系统将自动投入工频运行，以确保设备连续运行。当变频器故障保护后，应及时查找原因排除故障，故障排除后按控制面板上的【STOP/RESET】键可使系统复位。

六、常见故障与处理

该电路常见故障与处理见表 2-22。

表 2-22 常见故障与处理

故障现象	可能原因	检查处理
工频、变频都不启动	电源	电源是否缺相
	控制回路故障	控制回路电源
		工频/变频转换开关
工频不启动，变频正常	工频控制回路故障	工频/变频转换开关
		电动机保护器
		工频交流接触器
		变频交流接触器常闭触点
变频不启动，工频正常	参数设置不正确	检查参数设置
	变频控制回路	工频/变频转换开关
		变频交流接触器
	变频器坏	工频交流接触器常闭触点
		维修或更换
液晶面板没有显示	变频器到液晶面板连接线掉线	检查变频器到液晶面板连接线
	液晶面板坏	更换液晶面板
电位器无法调节	模式选择	运行模式是否在"0"模式
运行欠压	输入电压异常或运行时掉电	查看输入电源或接线
	有重负载冲击	查看负载，有可能过载或不平衡
	输入缺相	查看电源电压
	输出缺相	检出接触器与主接线拧接是否牢固
	变频器充电接触器损坏或插件松动	查看内部接触器及插件
过载、过流	电动机绝缘或相间短路	用摇表测量相间绝缘查看是否有短接现象
	查看机械连动	查看是否机械连接脱扣松动
	查看配重平衡	调节平衡
	查看过载参数设置是否正确	变频器电动机保护器设置
	负载工况	有可能瞬间负载过重，需要洗井

电路 29　SW 系列螺杆泵井直驱式变频调速控制电路

电路 29　SW 系列螺杆泵井直驱式变频调速控制电路

电路简介

该电路采用直驱专用变频器，通过面板电位器调节频率，从而改变螺杆泵井参数，省时省力，调参范围广，实现无级调速；并根据变频柜显示器显示的频率、电流、转数和扭矩数据来判断井下运行与故障情况。

一、原理图

SW 系列螺杆泵井直驱式变频调速控制电路如图 2-8 所示。

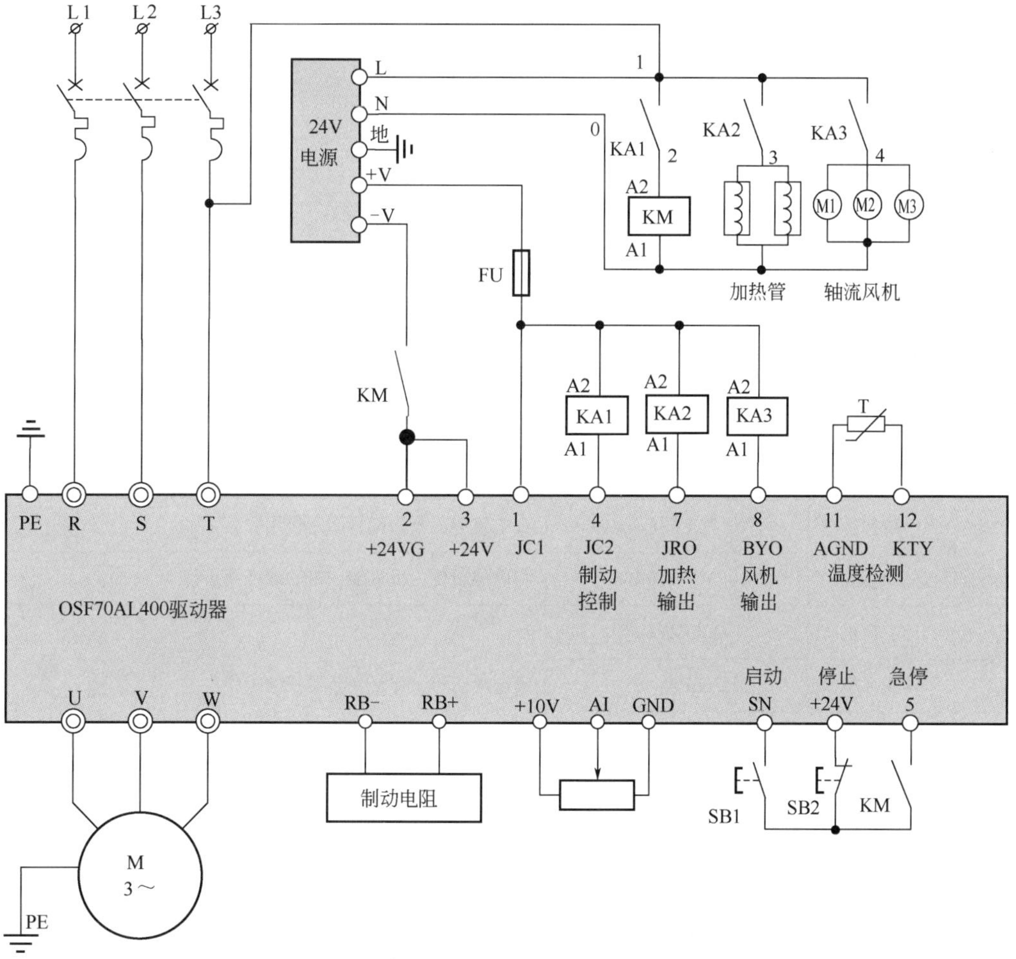

图 2-8　SW 系列螺杆泵井直驱式变频调速控制电路原理图

二、电器元件及功能

该电路的电器元件及功能见表 2-23。

表 2-23 电器元件及功能明细表

文字符号	名称	型号	电器元件在该电路中的作用
QF	断路器	DZ47-60/4PD 25A/500V	在主电路中起控制兼保护作用
FU	熔断器	YKJ-4RD/UK4RD 3A/250V	在控制回路中主要起短路保护作用，用于保护线路及电器元件
VFD	直驱专用变频器	OSF70AL400	在电路中起降低启动电流，接受智能监控工作指令并执行，实现节能、软启、软停、电动机转速调整和无级调速的功能
VC	开关电源	PMC-24050W1AA（24V）	将 AC 转变为 DC，为控制设备提供 DC24V 稳压电源
T	温度传感器	KTY84	测量温度范围-40~+300℃内的温度变化，电阻值大致从300~2700Ω 左右基本呈线性变化
KM	交流接触器	CJX2-4008	利用其触头实现逻辑控制关系
KA1	中间继电器	MY4N-J（24V）	利用其常开触头控制 KM，进行制动控制
KA2	中间继电器	MY4N-J（24V）	利用其常开触头控制加热管，进行加热输出控制
KA3	中间继电器	MY4N-J（24V）	利用其常开触头控制风机，进行风扇输出控制
	加热管	KB02	低温时工作，保证变频器正常工作
RD	泄放电阻	CRRB-2500W50RJ	将直流母线上多余的电压放到电阻上，使其变成热能而放掉，保护变频器和电动机
RP	微调电位器	3296-10k 精度±5%	给定变频器运行频率
SB1	按钮	绿色 LA38-11	在电路中起接通运行回路作用
SB2	按钮	红色 LA38-11	在电路中起断开运行回路作用
M	直驱电动机	XLPM-1350-380	将电能转变为机械能，带动螺杆泵运行
M1	轴流风机	200FZY-S	高温时工作，保证变频器正常工作
M2	轴流风机	200FZY-S	
M3	轴流风机	200FZY-S	

三、电路工作原理

（一）闭合总电源及参数设置

首先将总电源开关【QF】拨到断开的位置，外线送电后用仪表检查各相电压是否在规定值以内，有无缺相。把速度调节旋钮按逆时针旋转至零位处，将总电源开关【QF】闭合，注意指示灯和显示是否正常。

注：厂家已经固化直驱专用变频器 OSF70AL400 的参数，故在使用中无须设置参数，直

接使用即可，如更改参数，请咨询相关技术人员解决。

（二）启动

按下启动按钮【SB1】，变频器开始输出，电动机连续运行输出。启动过程中注意观察电动机的转向是否正确。如转向不对，请马上按停止按钮，避免反转圈数过多导致脱杆。停机断电后调换输出到电动机的 U、V、W 中任意两根，再次启动即可。如不转，切断电源后，咨询相关技术人员解决。

（三）速度调节

顺时针缓慢转动外置电位器，电动机转速升高。注意：因为变频器内部已设有梯度，速度的响应可能比手动调节的设定慢，等几秒即可。

（四）力矩检查

观察电动机的转矩变化是否在允许的范围内，启动的时候力矩可能会较大，但过一会会跌回一个稳定值。另观察转速的显示，转动外置电位器，把速度设置到所需的数值。

（五）停机

逆时针方向慢慢旋转外置电位器至零位，电动机开始减速；当电动机停下后，按下停止按钮【SB2】，变频器停止输出，电动机缓慢反转一会停止。将总电源开关【QF】拨到断开的位置，操作结束。

（六）洗井功能

同时按下【确认】和【取消】键 3s 左右，面板速度显示和力矩显示开始闪烁，表示洗井模式开启，按下启动按钮【SB1】，电动机按洗井模式中设定的速度和时间参数运行，洗井时间到达后，速度和力矩显示停止闪烁，电动机回到面板调速旋钮的设定值运转。

（七）USB 数据下载功能

控制柜内部存储有近期的电流、速度、故障等数据，需要时可以通过 USB 直接下载。当系统检测到 USB 设备接入时，插座边的绿色指示灯会被点亮，U 盘上的指示灯闪烁表示数据正在下载中，一般在 10s 左右下载完成，U 盘指示灯停止闪烁。

（八）电流显示

长按【菜单】键 3s，直到出现 [1-01]，再按【确认】键，这时"速度显示"窗口的数值即为输出电流值。退出按【取消】键两次。

（九）温度控制

上电后温度窗口显示的是变频器内部温度，当温度过低和过高时变频器不能工作。因此电控柜内部有自动温度调节系统。当柜内温度小于 0° 时加热管工作，柜内温度大于 30° 时风扇工作。

四、保护功能

电动机发生短路、过载故障后，变频器故障报警并停止输出，电动机停止运行。

五、常见故障与处理

该电路常见故障与处理见表 2-24。

表 2-24 常见故障与处理

常见故障	故障原因	处理方法
故障代码 E0512（过载）	电动机由于长时间工作在额定电流以上，为避免电动机过热或损坏而保护停机	检查电柜与电动机是否匹配； 检查电动机运行是否平稳，判断轴承是否损坏； 检查井口压力是否过高； 检查是否井底卡泵，需洗井
故障代码 E0001（电源异常）	电源过压或欠压	检查电源进线电压是否正常
故障代码 E0016（过热）	变频器温度保护	检查各散热风机是否正常； 检查工作电流是否正常； 检查机柜通风口是否堵塞
面板无显示	进线电源不正常，24V 开关电源坏	电源是否缺相或无电； 更换熔断丝（3A/250V）或 24V 开关电源
故障代码 E0001（电源异常）	缺相、欠压、过压；	检查进线电源是否正常； 检查接线是否拧紧； 检查零线两端接线是否可靠； 机柜内部问题，驱动器缓上电阻或整流桥损坏，需更换驱动器
故障代码 E0032（过流）	输出短路、漏电、IGBT 故障	检查电动机的线缆是否破损漏电； 检查电动机绝缘是否完好； 检查电动机是否进水漏电
故障代码 E0064（电流超差）	输出电流与预计电流不符	检查电缆是否漏电； 输出 U、V、W 是否有断开或错接到地线
故障代码 E0096（卡泵）	井底卡住或负载太大	检查是否井底卡泵，需洗井； 检查电动机运行是否平稳，判断轴承是否损坏； 检查电动机内部是否漏水结冰

电路 30 ZNTS-QD 螺杆泵井智能化多功能调速装置控制电路

电路简介

该电路由多功能测试分析仪监测螺杆泵井变频调参，根据现场数据采集与分析，最大程度记录现场的工作状况及各种电参量的连续监测，迅速反应异常情况，可靠保护现场设备，使之处于稳定的工作状态。电路通过转换开关实现工频/变频运行。电路中的滤波器能有效滤除在调速过程中产生的谐波，减少对周边设备的干扰。

一、原理图

ZNTS-QD 螺杆泵井智能化多功能调速装置控制电路如图 2-9 所示。

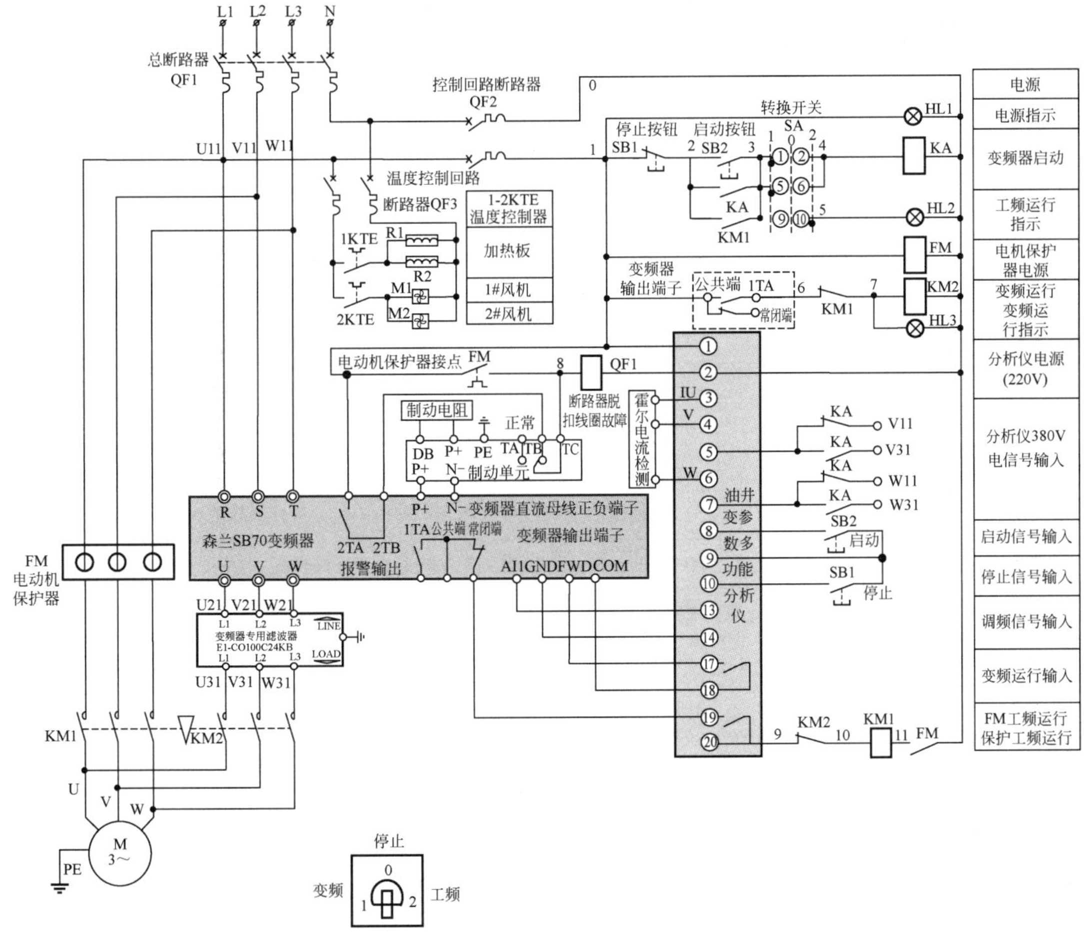

图 2-9 ZNTS-QD 螺杆泵井智能化多功能调速装置控制电路原理图

二、电器元件及功能

该电路的电器元件及功能见表 2-25。

表 2-25 电器元件及功能明细表

文字符号	名称	型号	电器元件在该电路中的作用
VFD	变频器	森兰 SB70G55T6	在电路中起降低启动电流，接受智能监控工作指令并执行，实现节能、软启、软停、电动机转速调整和无级调整冲次的功能
RBE	制动单元	SZ20G	与制动电阻配合，用来吸收电动机制动时的再生电能，防止变频器过压
FXA	油井变参数多功能测试分析仪	CFC-Ⅲ-1	以变频调参控制为基础，实现对电流、电压、功率因数、有功功率、工作频率等电参量的连续监测
HR	霍尔电流监测模块	CHB-300SF	接在负载侧监测电动机电流电压变化
QF1	断路器	KM1-250H/3	电源总开关，在主电路中起控制兼保护作用
QF2	断路器	DZ47-60	控制回路开关，在电路中起控制兼保护作用
QF3	断路器	DZ47-60	温度控制开关，在温控电路中起控制兼保护作用
KM1	交流接触器	NC2-115	工频运行接触器，控制电动机工频启动与停止作用，与变频输出接触器 KM2 内装有机械联锁模块，以实现机械联锁
KM2	交流接触器	NC2-115	变频运行接触器，控制电动机变频启动与停止作用，与工频输出接触器 KM1 内装有机械联锁模块，以实现机械联锁
KA	中间继电器	JZC4-22	控制变频器输出的启动与停止
FM	电动机综合保护器	SJDB-XTB/Y	工频运行时对电动机过载、过流、断相进行有效保护，对电动机工频运行提供过载、过流、缺相、堵转、短路、过压、欠压、漏电、三相不平等保护作用
LB	滤波器	E1-CO100C24KB	减少对周边设备的干扰，有效控制谐波对电动机的影响
SB2	启动按钮	红色 LAY3-11/3	在电路中起接通控制回路作用
SB1	停止按钮	绿色 LAY3-11/3	在电路中起断开控制回路作用
SA	转换开关	LW8-10-D101/1	工频/变频转换选择
1-2KTE	温度控制器		控制柜内温度
R	平板电热板	AC-220V 300W	温度低于 0℃ 时启动，保障柜内设备在低温是正常运行
1M 2M	交流风机	QA20060HBL2	温度高于 30℃ 时启动，启散热降温的作用
HL1	指示灯	绿色 ND1-22/3AC220V	电源指示
HL2	指示灯	红色 ND1-22/3AC220V	工频运行指示
HL3	指示灯	红色 ND1-22/3AC220V	变频运行指示
M	电动机	三相异步电动机	将电能转变为机械能

电路30　ZNTS-QD 螺杆泵井智能化多功能调速装置控制电路

三、变频器、分析仪参数设置及工频保护器电流设定

（一）变频器参数设置

变频器相关端子及参数见表2-26。

表2-26　变频器参数表

功能	功能代码	设定数据	设定值含义说明
普通运行主给定通道	F0-01	3	0：F0-00 数字给定；1：通信给定；2：UP/DOWN 调节值；3：AI1；4：AI2；5：PFI；6：算数单元1；7：算数单元2；8：算数单元3；9：算数单元4；10：面板电位器给定
运行通道命令选择	F0-02	1	0：操作面板；1：端子；2：通信控制
最大频率	F0-06	50Hz	设定范围：F07~650Hz
上限频率	F0-07	50Hz	设定范围：F08"下限频率"~F06"最大频率"
下限频率	F0-08	30Hz	设定范围：0.00Hz~F0-07"上限频率"
方向选定	F0-09	1	0：正反均可；1：锁定正方向；2：锁定反方向
启动方式	F1-19	0	0：从启动频率启动；1：先直流制动再从启动频率启动；2：转速跟踪启动
启动频率	F1-20	0.5Hz	设定范围：0.0~60.0Hz
启动频率保持时间	F1-21	0s	由用户单位设定定时间
停机方式	F1-25	1	0：减速停机；1：自由停机；2：减速+直流制动；3：减速+抱闸延时
基本频率	F2-12	50Hz	设定范围：1.00~650.00Hz
最大输出电压	F2-13	660V	660V 级：260~866V，出厂值 660V；220V 级：75~250V，出厂值 220V；380V 级：150~500V，出厂值 380V
数字输入端子功能	F4-00	59	设定值为59含义：用于切换端子控制时的两线制1和三线制1 0：不连接到下列的信号；1：多段频率选择1；2：多段频率选择2；……；59：行程开关输入
数字输入端子功能	F4-06	38	设定值38含义：内部虚拟 FWD 端子 0：不连接到下列的信号；1：多段频率选择1；2：多段频率选择2；……；59：行程开关输入
T1继电器输出功能	F5-02	1	0：变频器准备就绪；1：变频器运行中频率到达 73：过程 PID 休眠中
T2继电器输出功能	F5-03	5	设定值为5含义：故障输出 0：变频器准备就绪；1：变频器运行中频率到达 73：过程 PID 休眠中
电动机过载保护值	Fb-01	100%	50.0%~150.0%，以电动机额定电流为100%
电动机过载保护动作选择	Fb-02	2	0：不动作；1：报警；2：故障并自由停机

续表

功能	功能代码	设定数据	设定值含义说明
其他保护动作选择	Fb-11	2210	个位：变频器输入缺相保护 0：不动作；1：报警；2：故障并自由停机 十位：变频器输出缺相保护 0：不动作；1：报警；2：故障并自由停机 百位：操作面板掉线保护 0：不动作；1：报警；2：故障并自由停机 千位：参数存储失败动作选择 0：报警；1：故障并自由停机

注：除表中的参数外其他参数应根据现场负载的实际要求设定或使用变频器的出厂默认值设定。

（二）分析仪的参数设定

通过【+】【-】键选定"参数设置"菜单，按【确认】键，输入密码（密码可缺省），再按【确认】键即可进入参数设置子菜单。

（三）工频保护器电流设定

（1）将工频保护器上的数字拨码器按当前电动机运行功率的额定电流设定。例如：当前电动机运行功率30kW、额定电流60A，把工频保护器的拨码数字设定为060对应显示窗口。

（2）工频过载保护：过载保护采用反时限过流保护，保护特性见表2-27所示。

表2-27 保护特性表

额定电流倍数	<1.1	1.2	1.5	2	3	4	5	6	7	8	≥9
动作时间，s	不动作	80	40	20	10	5	3	2	1	0.5	0.3

（3）工频保护器缺相及相电流不平衡保护：当缺一相或相电流平衡度<60%时，动作时间2s。

四、电路工作原理：

（一）闭合总电源及参数设置：

1.闭合总电源【QF1】，变频器输入端［R］、［S］、［T］上电，根据参数表设置变频器参数；

2.闭合控制电源【QF2】，控制回路得电，HL1电源指示灯亮。电动机保护器FM线圈得电，回路11→0线间FM常开触点闭合；分析仪的①→②接线端子接通控制电压220V。

3.闭合温度控制器电源【QF3】当柜内温度低于0℃加热板启动以保证柜内液晶显示设备正常工作；当柜内温度高于30℃时风机启动起到散热作用，保护长期运行设备因过热造成绝缘老化，影响设备使用寿命。

（二）工频启动与停止：

1. 工频启动

将工频/变频转换开关【SA】转至工频位置，按下启动按钮【SB2】，分析仪启动信号输入，分析仪的（5）、（7）号端子经 KA 常闭触点采集到 V11、W11 相的工频电压信号。同时（19）→（20）端子间的常开触点闭合，回路经 1→2→3→5→0 号线闭合，工频运行指示灯 HL2 亮。同时回路经 1→9→10→11→0 号线闭合 KM1 线圈得电，控制回路中 2→3 线间 KM1 常开触点闭合自锁，控制回路中 6→7 线间 KM1 常闭触点断开，断开变频控制回路，与 KM2 接触器实现机械联锁。同时主回路中 KM1 主触点闭合，电动机工频运行。

2. 工频停止

按下停止按钮【SB1】，分析仪停止信号输入，同时（19）→（20）端子间的常开触点断开 KM1 线圈失电，2→3 线间常开触点断开，6→7 线间 KM1 常闭触点复位，同时 KM1 主触点断开，电动机停止运行，工频运行指示灯 HL2 熄灭。

（三）变频启动与停止

1. 变频启动

将工频/变频转换开关【SA】转至变频位置，按下启动按钮【SB2】，分析仪启动信号输入，分析仪的（5）、（7）号端子经 KA 常闭触点采集到 V31、W31 相的变频电压信号。同时（17）→（18）端子间的常开触点闭合，回路径 1→2→3→4→0 号线闭合中间继电器 AK 线圈得电，变频器正转输出，变频器的输出端子 1TA→1TB 接点闭合，回路经 1→6→7→0 闭合，KM2 线圈得电，控制回路中 9→10 线间 KM2 常闭触点断开，断开工频控制回路，与 KM1 接触器实现机械联锁，同时主回路中 KM2 主触点闭合，电动机变频运行。变频器控制面板运行指示灯亮，显示信熄为［RUN］，变频运行指示灯 HL3 亮。

2. 变频停止

按下停止按钮【SB1】，分析仪停止信号输入，回路 1→2 断开，中间继电器 KA 线圈失电，回路中 2→3 线间 KA 的常开触点断开，变频器输入端子 FWD 与公共端端子 COM 间的常开触点断开，变频器停止输出，变频器的 1TA、1TB 输出端子断开，接触器 KM2 线圈失电，回路 9→10 线间 KM2 常闭触点复位，同时 KM2 主触点断开，电动机停止运行。变频器控制面板运行指示灯熄灭，显示信熄为［STOP］，变频运行指示灯 HL3 灭。

五、保护功能

（一）工频运行状态下

电动机发生短路、过载、断相、过压、欠压、故障后电动机保护器 FM 动作，回路中 1→8 号线间的 FM 常开触点闭合，8→0 线间 QF1 断路器脱扣线圈得电，主电路电源 QF1 跳闸，电动机停止运行。

（二）变频运行状态下

电动机发生短路、过载故障后，变频器的输出端子 2TA→2TB 动作，故障报警输出，控制回路中 8→0 线间 QF1 断路器脱扣线圈得电，主电路电源 QF1 跳闸，电动机停止运行。

六、常见故障与处理

该电路常见故障与处理见表 2-28。

第二章 螺杆泵抽油机井与电泵井常见控制电路

表 2-28 常见故障与处理

故障现象	可能原因	检查处理
工频、变频都不启动	电源	电源是否缺相
	控制回路故障	控制回路电源
		启停按钮故障更换
		工频/变频转换开关
工频不启动，变频正常	工频控制回路故障	工频/变频转换开关
		电动机保护器
		工频交流接触器
		变频交流接触器常闭触点
变频不启动，工频正常	参数设置不正确	检查参数设置
	变频控制回路	工频/变频转换开关
		KA 中间继电器
		变频交流接触器
		工频交流接触器常闭触点
	变频器坏	维修或更换
液晶面板没有显示	变频器到液晶面板连接线掉线	检查变频器到液晶面板连接线
	液晶面板坏	更换液晶面板
电位器无法调节	模式选择	运行模式是否在"0"模式
运行欠压	输入电压异常或运行时掉电	查看输入电源或接线
	有重负载冲击	查看负载，有可能过载或不平衡
	输入缺相	查看电源电压
	输出缺相	检出接触器与主接线拧接是否牢固
	变频器充电接触器损坏或插件松动	查看内部接触器及插件
过载、过流	电动机绝缘或相间短路	用摇表测量相间绝缘查看是否有短接现象
	查看机械连动	查看是否机械连接脱扣松动
	查看配重平衡	调节平衡
	查看过载参数设置是否正确	变频器电动机保护器设置
	负载工况	有可能瞬间负载过重，需要洗井
数字分析仪无显示	分析仪与电源	220V 电源是否正常
	分析仪损坏	维修或更换分析仪
数字分析仪显示异常	受外界电磁干扰	查找干扰原因

分析仪常见故障提示措施及原因见表 2-29。

表 2-29 分析仪常见故障提示措施及原因

故障提示	措施	故障原因
过载停机	录取数据	卡泵、结蜡、电动机故障等，检查过载参数设置值是否偏小
欠载停机	录取数据	检查欠载参数设置值是否偏小

电路30 ZNTS-QD 螺杆泵井智能化多功能调速装置控制电路

续表

故障提示	措施	故障原因
工况不稳定停机	录取数据	洗净阀门打开过快；控制参数设置灵敏度高，即设置参数过小
不平衡停机	录取数据	设置值不准确；三相电流偏差大（自行设定）；电动机缺相；电源缺相；设备故障（打保修电话）
过压停机	录取数据	电压过高（自行设定）
欠压停机	录取数据	电压过低（自行设定）

电路 31　QYK-SB2-1000 型潜油电泵井控制电路

电路简介

该产品配备 SB2 普通型综合中心控制器与控制柜配套完成各种类型高低压潜油，潜水电动机的过载、欠载和电流不平衡以及欠载延时自启动等保护；欠载后可直接启动，在自动状态可延时启动，采用 QYK 型控制柜与电动机机组配套使用。

一、原理图

QYK-SB2-1000 型潜油电泵井控制电路如图 2-10 所示。

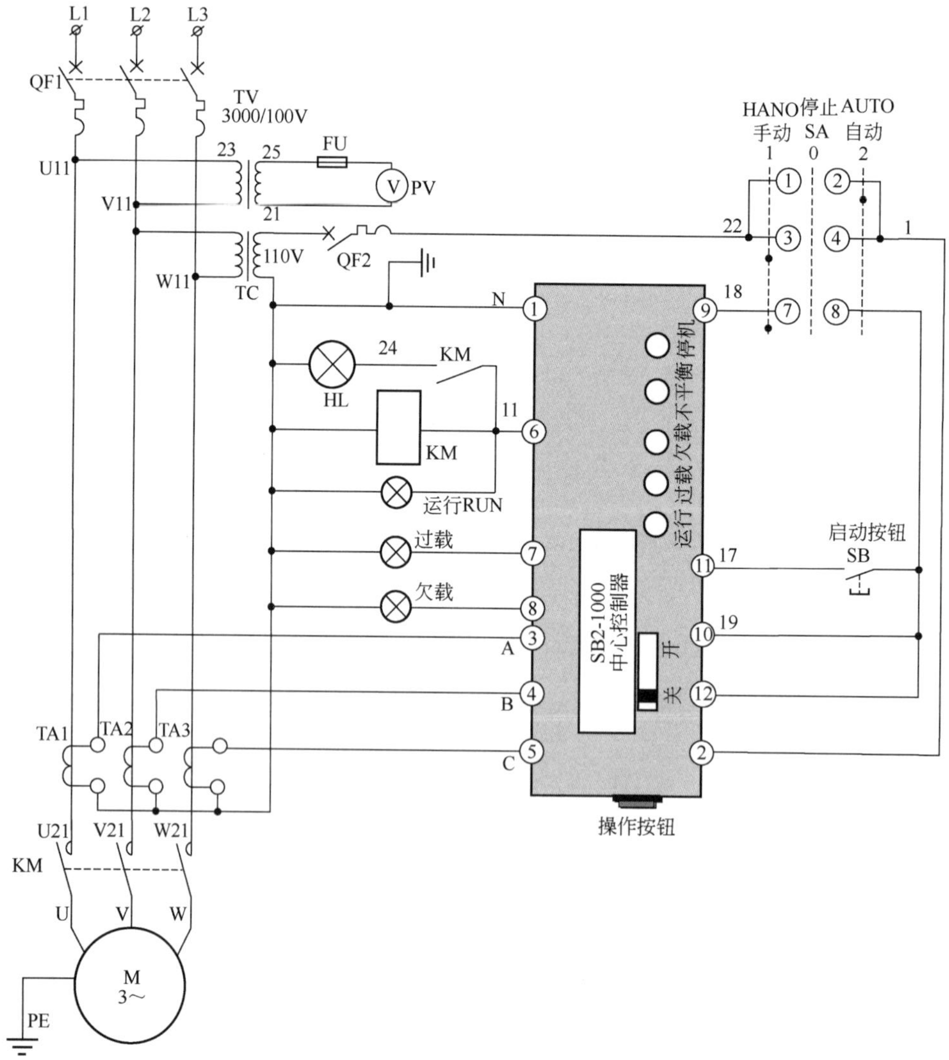

图 2-10　QYK-SB2-1000 型潜油电泵控制电路原理图

电路 31　QYK-SB2-1000 型潜油电泵井控制电路

二、电器元件及功能

该电路的电器元件及功能见表 2-30。

表 2-30　电器元件及功能明细表

文字符号	名称	型号	电器元件在该电路中的作用
QF1	自动空气开关	DG16400/3	电源总开关,在主电路中起控制兼保护作用
QF2	断路器 QF2	DZ47-60	控制回路开关,在电路中起控制兼保护作用
TA	电流互感器	LM2-J0.5	将一次回路的大电流变为二次回路标准的小电流,为测量仪表和继电器的电流线圈供电
KM	真空接触器	CJ15 250/1140	利用真空灭弧室灭弧,用以频繁接通和切断正常工作电流,通常用于接通和断开主电路
BK	仪用变压器	1500V/1000V	给工作电压表供电
BK	控制变压器	JBK3-800	改变调整控制柜所需电压
PV	工作电压表	GB/T7676-1998	显示工作电压
1WK	万能转换开关	LW8-10	手动/自动/停止,转换选择
ZSD	指示灯	AD11-25 12-1G	停止/运行指示
SB	按钮	AD11-25/20-1G	在电路中起接通运行回路作用
SB2-1000	中心控制器	SB2-1000	电动机启动后,具有避开启动电流的延时功能,显示控制电压值、电动机三相电流、过载、欠载预置值、电流互感器变比值、自动启动时间预置值、启动延时预置值及其计时值;潜油电动机发生故障时,有对应的灯光指示及故障停机时间
RD	熔断器	FUS	当电路发生故障或异常时,电流升高,熔断器自身熔断切断电流,从而起到保护电路安全运行的作用
DBJY	工况记录仪	HA1-DBJY	用于进行记录采油设备的井下潜油电动机工作电流、电压,以保证电动机的正常运转,也可用于供电系统的对交流变量的负荷记录

三、电路主要参数

该电路中相关端子参数见表 2-31。

表 2-31　QYK-SB2-1000 型潜油电泵控制柜控制电路参数设定表

通道号	显示内容	调节范围	单位
0	控制电压	测量	V
1	A 相电流	测量	A
2	B 相电流	测量	A
3	C 相电流	测量	A
4	过载设置	额定电流的 1.2 倍	A
5	欠载设置	运行电流的 0.8 倍	A
6	电流变比	操作按钮改变通道号为 6,显示内容为 100.0,逆时针调节中心控制器侧面电流变比电位器,如电流互感器变比（100/5）,则不用调整此值,如电流互感器的变比（75/5）,将电流变比调至 75.0 调整完毕,这时电动机三相电流值及过载、欠载预置值随电流变比的变化而变化	5-1000

续表

通道号	显示内容	调节范围	单位
7	延时预置	10~1000	min
8	计时值	0~9999	min
9	启动时间	1~60	s

注：电动机启动前，调节电流变比为电流互感器值，按照负载大小，调节过载、欠载预置值及启动延时时间，启动后欠载电流值由实际电流值重新调整。电动机发生欠载时，直接手动按钮启机。自动启动的时间由工况决定。

四、电路工作原理

（一）潜油电动机控制柜启机前准备

（1）将控制柜内的主回路自动空气开关【QF1】和控制电源开关【QF2】置于断开状态，将潜油电动机电源线接至控制柜内真空接触器 KM 出线端。

（2）检查控制柜内的接线，控制柜须可靠接地，接地线应采用 $10mm^2$ 以上的多股风雨线经控制柜外壳、电缆接线盒外壳、采油树大法兰可靠连接。

（3）调整 6kV 电力变压器输出电压，变压器输出电压应等于电动机额定电压与井下电缆电压降之和的 1~1.05 倍，即：电动机额定电压+井深电缆的电压降×(1~1.05)＝电力变压器输出电压。闭合主回路自动空气开关【QF1】，真空接触器上端带电，回路 23→25 闭合，电压表 PV 显示潜油电动机控制柜工作电压。

（4）按照来电电源电压调整控制变压器 TC 原边接线位置，检查、调整变压器 TC 副边控制柜内控制电压，此值必须等于控制柜控制回路所需控制电压值 110V±5。

（二）闭合总电源及参数设置

（1）闭合控制电源【QF2】，回路 21→22 闭合，接通至万能转换开关，闭合中心控制器电源开关，中心控制器上电显示通道号为 0，同时中心控制器面板停机指示灯亮。按操作按钮改变通道号，选择通道 4 过载设置，调节侧面电位器，根据电动机额定电流的 1.2 倍，整定控制柜内控过载保护值。按操作按钮改变通道号，选择通道 5 欠载设置，按电动机额定电流的 0.8 倍初步整定控制柜内的欠载保护值，电动机运转正常后，再按电动机实际运行电流的 0.8/0.7/0.6 倍整定控制柜内的实际欠载保护值，但不得小于电动机的空载电流。

（2）将万能转换开关【SA】转至手动"1"位置，端子⑦→⑧接通，按下启动按钮【SB】，启动后立即用钳型电流表检查电流，并用此值校准中心控制器和功况记录仪电流值。

（3）QYK 型潜油电动机控制柜所配的中心控制器 SB2 型控制柜，具有手动和自动两种启动方式。

（三）手动启动与停止

1. 手动启动

将万能转换开关【SA】转至手动"1"位置，端子⑦→⑧接通，按下启动按钮【SB】，经过启动延时后，回路经 18→17→19 闭合，中心控制器输出信号，真空接触器 KM 线圈得电，回路 11→24 线间 KM 常开触点闭合自锁，真空接触器主触头闭合，潜油电动机运行。同时中心控制器面板绿色运行指示灯亮，控制柜运行指示灯 HL 亮。中心控制器通过检测电流互感器二次测得潜油电动机主回路三相电流信号,实现电动机的过载、欠载及电流不平衡故障保护,故障停机时中心控制器面板有故障指示灯指示。

2. 手动停止

停机时先把万能转换开关转【SA】到停"0"的位置,端子⑦→⑧断开,KM 线圈失电,回路 11→24 线间 KM 常开触点断开解除自锁,真空接触器主触头断开,潜油电动机停止运转。中心控制器面板绿色运行指示灯熄灭,控制柜运行指示灯 HL 熄灭。禁止使用自动空气开关(或空气断路器)停止电动机。电动机长期停止运行时,断开 QF1、QF2。

(四)自动启动与停止

1. 自动启动

将万能转换开关【SA】转至"2"自动位置,端子①→②、③→④接通,经过延时预置时间后,回路经 21→22→1 闭合,中心控制器输出信号,真空接触器 KM 线圈得电,回路 11→24 线间 KM 常开触点闭合自锁,真空接触器主触头闭合,潜油电动机运行,中心控制器面板绿色运行指示灯亮,控制柜运行指示灯 HL 亮。

2. 自动停止

停机时先把万能转换开关【SA】转到停"0"的位置,端子①→②、③→④断开,回路 22→1 断开,KM 线圈失电,回路 11→24 线间 KM 常开触点断开解除自锁,真空接触器主触头断开,潜油电动机停止运转。同时中心控制器面板绿色运行指示灯熄灭,控制柜运行指示灯 HL 熄灭。禁止使用自动空气开关(或空气断路器)停止电动机。电动机长期停止运行时,断开 QF1、QF2。

五、保护功能

(一)过载状态下

1. 过载停机

潜油电动机发生过载故障后中心控制器 SB2-1000 保护动作,中心控制器面板过载指示灯红灯亮,电动机停止运行。

2. 处理方法

将万能转换开关转到停位,断开控制电源【QF2】,总电源【QF1】,检查三相电源应符合-5~10%的规定,三相电压不平衡度不得大于 3%。对电动机井接线盒内电缆充分放电,测量三相潜油电动机绕组相间直流电阻 3~5Ω,且不平衡度小于 2%,每一相绕组对地绝缘一般不低于 100MΩ,检查接触器三相触头的接触性能是否完好,有无单相和虚接现象,均正常后可将过载整定值调至电动机额定电流的 1.2 倍,可启机一次。

(二)欠载状态下

1. 欠载停机

潜油电动机发生欠载故障后中心控制器 SB2-1000 保护动作,中心控制器面板欠载指示灯黄灯亮,电动机停止运行。

2. 处理方法

允许启机一次,欠载后对于新投产机组应核对相序,检查机组转向是否正常。对于运转时间很久的机组,还应根据憋压上升的时率,分析是否因叶轮出现磨损使泵效除低,而导致电动机欠载。

六、常见故障与处理

该电路常见故障与处理见表 2-32。

表 2-32　常见故障与处理

常见故障	故障原因	处理方法
电动机不能工作	控制柜无电压	检查电源系统的保险，变压器和电源开关，控制柜的保险
	控制柜触点松动或松开	检查接线接头是否焊牢，接触器或真空接触器是否闭合，其他继电器触动点和门锁开关是否损坏
控制柜工作但保险烧毁或过载跳闸	安装或运输中电缆损坏或电动机损坏	切断电源，检查井下电缆、电动机是否损坏（短路、断路）
	保险太小或过载电流整定值不合适	检查保险或保险规格，根据电动机启动电流进行更换或调整，或重新整定过载电流值
	低电压、高电压、单相或电压不平衡	检查电网电压质量，检查令克有无异常
	泵堵塞	泵内进入杂物沙子，沉淀物堵死，可将电动机调相使泵反转达一两次，如失败提泵检查
	井口弯曲变形泵堵塞	井内泵提高或降低 2~3 根油管
	电动机、中心控制器抱轴卡住	提井检查
三相电流不平衡	电源故障	检查地面电源、变压器
	电动机或电缆损坏	提井检查
中心控制器通道号不变	按钮损坏	更换元件
	译码器损坏	更换元件
运行中电流过高	电压低	调整变压器抽头，升高电压，检查电网质量
	机械故障	起泵检修
	油黏度过高，液体比重太大，有砂、泥浆等	取样检查，如超出标准应增加电动机功率或更换其他井
电流摆动	负荷变化，供液不足	调整降低井液产量
	含气量多	增加沉没度，更换油气分离器
断开功能失效	主接触器上辅助触点工作不正常	清除触点灰尘、污物或更换触动点
转换开关工作不可靠	转换开关触点，接线虚接	将虚接线接紧
	转换开关触点受腐蚀	更换元件
主接触器 ZJC 断开功能失效	主接触器上辅助触点工作不正常	清除触动点灰尘、污物或更换触点
控制柜无电压不能工作	电源未接通	检查电源
	电流变压器故障	检查变压器
	控制柜总闸未合上	合上控制柜总闸
	控制柜熔断器损坏	更换元件

电路 31　QYK-SB2-1000 型潜油电泵井控制电路

续表

常见故障	故障原因	处理方法
欠电流停机	泵被气蚀	采用旋转式气体分离器，下降电动机机组，增加沉没深度
	欠电流值不对	重新调整欠载保护电流值
	泵抽空	调整注采比，保证合适的泵吸液量

电路 32　QYK-R 型软启动潜油电泵井的控制电路

电路简介

该电路完全摆脱传统的控制模式，采用新型 16 位 MCU，借助最新、最成熟的电子技术，实现全面数字化智能控制。该软启动控制柜主要功能有软启动、软停机以及扩展的保护功能。无须另加配电柜，能够自动运行。软启动是最常用的启动方式，由用户设定电动机的启动电压。该启动电压可在电动机额定电压的 15%~95% 范围内由用户调节。在接斜坡启动期间，输出到电动机的电压，从初始转矩对应的电压开始，无级线性地增加到额定电压。启动时间从 0~60s，可由用户调节设定。该软启动控制柜具有"软启"和"直启"两种控制方式。

一、原理图

QYK-R 型软启动潜油电泵井控制电路如图 2-11 所示。

元件端子接线说明详见表 2-33。

表 2-33　元件端子接线说明

元件名称	端子接线说明
电流互感器 TA1~TA4	TA1、TA2、TA4 的 S1 端子分别接至软启动器接线端子 [12、10、8]，软启动器接线端子 [13、11、9] 分别接至 PCC 的 [3、5、7] 端子，TA3 的 S1 端子接至电流记录仪一端
	PCC 的 [4、6、8] 端子接至 TA1、TA2、TA4 的 S2 端子并短接接地，电流记录仪的另一端接至 TA3 的 S2 端子并接地
软启动器 RQ	上侧的 [1、2] 端子是开关电源交流输入端子；[3、4、5、6] 端子连接 OSSC 软启动器显示操作面板；[8、9] 端子内部连接一个常开触点。当软启动电源得电后，按下启动按钮，该常开触点闭合，外部电路使真空接触器 KM1 线圈得电。经过软启动设置时间，该常开触点断开，KM1 线圈失电；[10、11] 端子内部连接一个常开触点，经过软启动设置时间，该常开触点闭合，外部电路使真空接触器 KM2 线圈得电
	下侧的 [1、2、3、4] 端子分别接至变压器副边 a、b、c、o，为软启动器提供电压测量信号；[5、6] 端子连接停止按钮；[5、7] 端子连接启动按钮；[8、10、12] 端子分别接至 TA4、TA2、TA1 的 S1 端子；[9、11、13] 端子分别接至 PCC 的 7、5、3 端子
保护控制仪 PCC	[1、2] 端子是电源端子； [3、4、5、6、7、8] 端子为 PCC 提供电流测量信号； [11] 端子是输出端子； [14、15、16、19] 端子分别接至变压器副边 a、b、c、o，为 PCC 提供电压测量信号； [17、20] 端子之间连接直启启动按钮
电流记录仪	电流互感器 TA3 电信号输入 2 个接线端子
过电压吸收器	[19、23] 端子控制指示灯电源通断

电路32　QYK-R型软启动潜油电泵井的控制电路

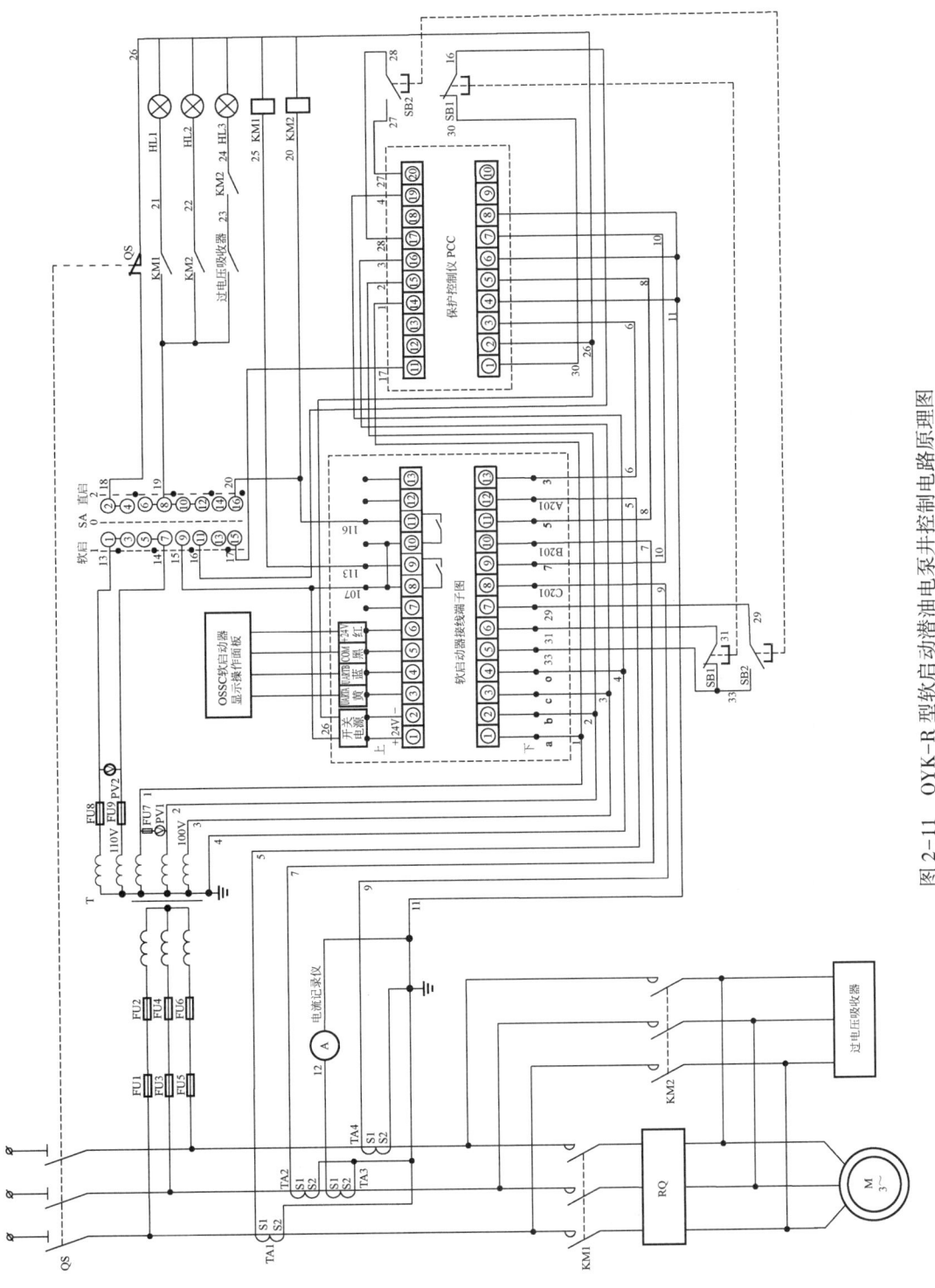

图2-11　QYK-R型软启动潜油电泵井控制电路原理图

二、OSSC 软启动器显示操作面板说明

OSSC 软启动器显示操作面板（以下简称操作面板）包括：中文液晶显示器、LED 工况指示灯、操作按键、通信连接器（软启动器内部连接），其面板主要功能是用于设定各项启动、运行、保护参数，显示当前运行状态、运行参数、公司版权信息。

按键配置及说明如下：

【运行】键——开机，在上电后，如果按【运行】键，则按面板设置的启动方式开机，启动方式包括禁用（上电后默认设置）、软启动、全压启动。

【停止】键——停机，开机状态按下【停止】键，则按面板设置的停机方式停机，停机方式包括禁用（上电后默认设置）、软停、速停。

【◀▶】键——左右移动光标，切换显示界面，在设置时间时可以移动光标。

【▲▼】键——上下移动光标，修改参数。按【确认】键进入参数设置界面后，按【▲▼】键可以切换选中的设置项。在修改参数状态时用【▲▼】键修改参数。

【确认】键——进入参数设置界面，参数设置确认。按【确认】键进入参数设置界面后，按【▲▼】键切换选中的设置项，再按【确认】键可以进入修改参数状态。然后用【▲▼】键修改，如过载整定值、欠载整定值等。

【返回】键——返回参数显示界面。参数设置完毕后，按【返回】键返回显示界面。参数设置中若想放弃设置，可以用此键退出设置。

三、电器元件及功能

该电路的电器元件及功能见表 2-34。

表 2-34 电器元件及功能明细表

文字符号	名称	型号	元器件在该电路中的作用
QS	刀开关	GN-200A/3.6KV	主回路电源开关，隔离电源，将检修设备与带电设备断开，具有明显的断开点。限位开关是刀开关的附属器件，它们是联动的。当刀开关未完全拉开时，限位开关将切断控制回路，防止刀开关带负荷拉闸
FU1~FU6	高压熔断器	R312-1000V/1A	在电路中主要起短路保护作用，用于保护线路及电器元件
FU7~FU9	熔断器	RT18-3231	在电路中主要起短路保护作用，用于保护线路及电器元件，在电路中分别对控制回路进行保护
TA1~TA4	电流互感器	LMZ1-0.5S-75/5（单匝）	TA1、TA2、TA4 为 PCC 保护控制仪提供电流测量信号，TA3 为电流记录仪提供电流测量信号
	电流记录仪		显示并记录主回路电流值
KM1	真空接触器	CKJ-200A/1.5kV \ 110V	用于软启动时，接通软启动三相电源
KM2	真空接触器	CKJ5-250/1.5KV	软启动完毕后，将软启动器短接，接通电动机三相电源
RQ	软启动器	QK3-1.5/100	提供软启动、软停机以及扩展的保护功能。软启动器内部的开关电源为软启动器提供电源，输入 110V 交流，输出恒定的直流 24V
	过电压吸收器	GDY-2.2	吸收操作过电压。当检测到接地故障时，过电压吸收器辅助触点闭合

电路 32　QYK-R 型软启动潜油电泵井的控制电路

续表

文字符号	名称	型号	元器件在该电路中的作用
T	控制变压器	SG-1500V/100	提供 100V 电压，工作回路测量信号
PV1	工作电压表	44L1-V0-150V	显示工作电压值
PV2	控制电压表	44L1-1.5kV/100V	显示控制电压值
SA	万能转换开关	LW39-16C-40B-60431/4	转换软启动和直启
PCC	保护控制仪	OSPC-300	控制柜保护与控制功能
SB1	停止按钮	LA38-22-红	在电路中起断开运行回路作用
SB2	启动按钮	LA38-22-绿	在电路中起接通运行回路作用
HL1	指示灯	AD16-22D/S-110（绿）	软启、软停指示灯
HL2	指示灯	AD16-22D/S-110（绿）	运行指示灯
HL3	指示灯	AD16-22D/S-110（红）	接地报警指示灯
M	潜油电泵		油液举升

四、参数设置

通过软启动控制柜操作面板的键盘及汉字液晶显示器来完成参数设置。各种参数按二级菜单结构安排，可直接设置。具体设置方式如下：

（1）过载整定值设置：上电后按确认键进入参数设置界面，按【▲▼】键选中过载整定值项，再按【确认】键选中过载整定值的参数，按【▲▼】键修改，完成后按【确认】键确认修改完毕。

（2）历史事件：记录最近的 175 次状态改变。选中历史事件项后，按【确认】键可以看到最近的历史事件。从左到右依次为：发生事件时的日期、时间、运行状态、事件。用【▲▼】键选中一个记录后，按【确认】键可以看详细信息，包括当时的电流电压记录。

（3）停机方式设置：软停、速停、禁用。

（4）启动电压设置：范围为 15%～95%。

（5）启动时间设置：范围为 0～60s。

（6）停机时间设置：范围为 0～60s。

（7）电流不平衡设置：保护、不保护。

（8）自启动延时设置：范围为 0～120h。

（9）时间设定：使用【▲▼◀▶】键修改，用【确认】键确认，系统时间需要在开机前设定。

（10）欠载整定值设置：范围为 0～600A。

（11）过载整定值设置：范围为 0～900A。

（12）启动方式设置：软启、全压启动和禁用。需在设备上电时设置时间，否则无法显示正确的时间。

面板代码缩写见表 2-35。

表 2-35　面板代码缩写表

运行状态使用缩写	事件使用缩写	事件使用缩写
RUN　运行	NRML　正常	SC　短路
STOP　停机	UL　欠载	OV　过压
SOST　软停	OL　过载	UV　欠压
SOSP　软启	PL　缺相	
PUP　上电	CUBL　不平衡	

五、电路工作原理

（一）软启动和软停止

1. 软启动

闭合总电源【QS】，变压器一次侧、KM1、KM2 真空接触器主触头上侧带电。工作电压表 PV1、控制电压表 PV2 有显示。具体步骤如下：

（1）万能转换开关【SA】转换到"1"软启的位置：端子［15］→［16］断开；端子［1］→［2］接通，回路经 13→18→26→19→14 闭合；端子［5］→［7］→［8］→［9］→11 接通，回路经 14→15→软启动接线端子［1］接通，回路经 13→18→26→软启动接线端子［2］接通，软启动电源得电。

（2）参数设置。

（3）按下启动按钮【SB2】，回路经软启动接线端子［5］→33→29→软启动接线端子［7］闭合，软启动器启动，软启动内部常开触头［8］→［9］闭合，回路经 13→18→26→25→软启动接线端子 113→软启动接线端子［9］→软启动接线端子［8］→软启动接线端子 107→15→14 闭合，真空接触器 KM1 线圈得电。KM1 主触头闭合，接通 RQ 软启动器主回路，软启动器启动电泵。同时，19→21 号线间 KM1 常开触点闭合，软启指示灯 HL1 亮，表示是软启动过程。

（4）经过软启动设置时间，软启动内部常开触头［8］→［9］断开，KM1 线圈失电。KM1 主触头断开，切断 RQ 软启动器主回路；19→21 号线间 KM1 常开触点断开，软启指示灯 HL1 灭，表示软启完成。

（5）软启动内部常开触头［10］→［11］闭合，回路经 13→18→26→20→软启动接线端子 115→软启动接线端子［11］→软启动接线端子［10］→软启动接线端子 107→15→14 闭合，真空接触器 KM2 线圈得电。KM2 主触头闭合，将 KM1 主触头和 RQ 软启动器短接，潜油电泵连续运行。同时，19→22 号线间 KM2 常开触点闭合，运行指示灯 HL2 亮。23→24 号线间 KM2 常开触点闭合，为接地报警指示灯 HL3 亮做好准备。

2. 软停止

（1）按下停止按钮【SB1】，回路 33→31 断开，软启动控制回路工作。软启动内部常开触头［8］→［9］闭合，回路经 13→18→26→25→软启动接线端子 113→软启动接线端子［9］→软启动接线端子［8］→软启动接线端子 107→15→14 闭合，真空接触器 KM1 线圈得电。KM1 主触头闭合，接通 RQ 软启动器主回路，软停止开始工作。19→21 号线间 KM1 常开触点闭合，软停指示灯 HL1 亮，表示是软停过程。同时，软启动内部常开触头［10］→［11］断开，KM2 线圈断电，KM2 主触头断开。运行指示灯 HL2 灭。

(2) 经过软停止设置时间，软启动内部常开触头［8］→［9］断开，KM1 线圈失电。KM1 主触头断开，切断 RQ 软启动器主回路，电动机停止运行。同时，19→21 号线间 KM1 常开触点断开，软停指示灯 HL1 灭，表示软停完成。

3. 断电

断电时先将万能转换开关【SA】转换到"0"停止位，再拉开隔离开关【QS】。

（二）直启和停止

1. 直启

闭合总电源【QS】，变压器一次侧、KM1、KM2 真空接触器主触头上侧带电。工作电压表 PV1、控制电压表 PV2 有显示。

万能转换开关【SA】转换到"2"直启的位置：端子［1］→［2］接通，回路经 13→18→26→19→14 闭合。端子［5］→［7］→［8］→［9］→11 接通，回路经 13→18→26→PCC 端子［2］接通，回路经 14→19→16→30→PCC 端子［1］接通，保护控制仪 PCC 电源得电。端子 15→16 接通，回路经 13→18→26→20→17→PCC 端子 11 接通。

按下启动按钮【SB2】，PCC 端子［17］→［20］闭合，PCC 启动。PCC 端子 11 输出，回路经 13→18→26→20→17→PCC 端子 11 闭合，真空接触器 KM2 线圈得电。KM2 主触头闭合，潜油电泵直启运行。同时，19→22 号线间 KM2 常开触点闭合，运行指示灯 HL2 亮。23→24 号线间 KM2 常开触点闭合，为接地报警指示灯 HL3 亮做好准备。

2. 停止

按下停止按钮【SB1】，回路 30→16 断开，切断 16→PCC 端子［1］，PCC 断电。PCC 端子［11］无输出，KM2 线圈失电，KM2 主触头断开，潜油电泵停止运行。同时，19→22 号线间 KM2 常开触点断开，运行指示灯 HL2 灭。23→24 号线间 KM2 常开触点也断开。

3. 断电

先将万能转换开关【SA】转换到"0"停止位，再拉开隔离开关【QS】。

六、保护功能

（1）欠载。软启动控制柜如果检测到电流低于欠载设定值，机组将被软停机。软启动控制柜提供一个可调节的欠载设定值，调节范围为 0~600A。软启动控制柜一旦设定欠载保护功能，发生欠载时，系统开始欠载倒计时（60s），在倒计时期间如果负载恢复正常，机组将正常运行；否则，机组将以软停机方式停止运行。

（2）过载。软启动控制柜如果检测到电流高于过载设定值，机组将被停止运行。软启动控制柜提供一个可调节的过载设定值，调节范围为 0~900A。软启动控制柜一旦设定过载保护功能，发生过载时，系统开始过载倒计时（60s），在倒计时期间如果负载恢复正常，机组将正常运行；否则，机组将以软停机方式停止运行。

（3）缺相。运行中，软启动控制柜检测到缺相，机组立刻停止运行。

（4）电流不平衡：如果开启电流不平衡保护功能，在运行中，一旦检测到主回路电流不平衡（不平衡度>10%），软启动控制柜进入保护倒计时（60s）状态，倒计时到零时，机组立刻停止运行；若在倒计时期间电流恢复平衡，则正常运行。

（5）短路：运行中，软启动控制柜检测到主回路短路，机组立刻停止运行。

七、常见故障与处理

该电路常见故障与处理见表 2-36。

表 2-36 常见故障与处理

常见故障	故障原因	处理方法
短路停机	可控硅击穿	更换可控硅或用速启动
	负载及连接电缆短路	检查负载及连接电缆是否短路
缺相停机	主回路电源缺相	检查输入电源是否缺相
		检查软启动器输出是否缺相
		检查负载及连接电缆是否缺相
	电流线缺相	检查电流线回路是否断路
过载停机	电源电压过高	检查电动机过载情况
	过载参数与电动机不匹配	检查电流过载设定值
	电泵沙卡或阻转	洗井或是作业
欠载停机	抽空	等一段时间再启动
	欠载参数与电动机不匹配	检查电流欠载设定值
	机组断轴	修复更换机组
	泵气穴现象	检查泵系统
	电流线断路	检查电流线回路是否断路
不平衡停机	主回路电流不平衡	检查输入电源电压是否平衡
		检查负载三相直流电阻是否平衡
电动机不运行	没有输入电源	检查电源线
	外接启动按钮无效	检查按钮及软启动器
	电动机损坏	检修电动机对地绝缘
	真空接触器烧坏	更换真空接触器
电动机达不到额定转速	电源电压过低	检查电源电压值
	软启动器没有输出全压	检查软启动器输出电压值
	负载不匹配	检查负载是否大于电动机输出功率
启动后泵无排量或排量过小	电动机断轴	检查电动机
	电源接错,电动机反转	换接任意两相或检查电泵是否断轴
启动后立刻停机	缺相或短路	检查电路线
运行中停机	故障保护	排除故障
	电源断电	检查输入电源
	不明原因	回厂检修
	真空接触器烧坏	更换真空接触器
软启动器按键无反应	输入电压不符合额定电压	检查当前电压或校验中额定电压的设置
	控制器损坏	更换控制器
	停止按钮常闭触电接触不良	更换按钮

电路 32　QYK-R 型软启动潜油电泵井的控制电路

续表

常见故障	故障原因	处理方法
送电后没有控制电压	刀开上行程开关没有接触上	将刀开压行程开关铁片向下扳到能压下为止
	控制电压保险烧断	更换保险
	转换开关触点接触不良	更换转换开关
显示器通信故障	显示器与连接电缆接触不良	重新固定连接电缆

参 考 文 献

［1］ 于宝水.姜平.变频器典型应用电路100例.北京：中国电力出版社，2017.
［2］ 于宝水.姜平.图表详解变频器典型应用100例.北京：机械工业出版社，2018.